U0320598

作者简介

维吉尔·莫里斯·希利尔

（Virgil Mores Hillyer，1875–1931）

美国著名教育家，毕生从事教育工作，创建了卡尔弗特教育体系，是卡尔弗特学校首任校长。希利尔是一个好老师，了解传统教科书的弊端，他为孩子们编写了这套有趣的艺术读物：以故事和对话的形式切入，把获取知识的过程变得轻松又快乐。至今它们仍然是每一个热爱学习、渴望持续学习的孩子的经典人文读物。

译者简介

周成林

独立作家、译者、旅行者。著有《考工记》《爱与希望的小街》《跟缅甸火车一起跳舞》等，译有《时光中的时光：塔可夫斯基日记（1970—1986）》《客厅里的绅士》《世事如斯：奈保尔传》等。

希利尔讲建筑

给孩子的艺术启蒙课

[美] 维吉尔·莫里斯·希利尔 著

周成林 译

 湖南美术出版社

全国百佳图书出版单位

目 录

现在，故事开始了……

第 60 章

最古老的房子

The oldest house

几个人在谈论房子。"你的房子有多老?"其中一人问我。"五年。"我答道。"嗯,我的房子超过一百年了,"这人说,"它在马萨诸塞州。"

"只有一百年!"另外一个人叫道,"我的房子有两百年了。它在弗吉尼亚州。"

"在我看来不够老,"还有一个人说,"我的房子有四百五十年了。"

每个人都想比过别人。

"四百五十年!"我叫道,"怎么可能?那是发现美洲之前,在这个国家有白人的房子之前。"

"它不在美国,"他答道,"我是英国人。"

"哦,好吧,那不一样。你要是算上国外的房子,我去过有一千年历史的房子。它是一座教堂,在法国。"

"只有一千年?"英国人看来想胜过我,"我去过两千年前建造的房子。它在希腊,是一座神庙,人们叫它帕提侬神庙。"

"嗯，"我不想认输，"我去过的更老。我去过五千年前建造的房子，给死者建造的房子。它在埃及，人们叫它金字塔。"

"你赢了，"英国人说，"没人去过更老的了。"

说得没错。**世界上最古老的房子就是埃及的金字塔——给死者建造的房子**。但为什么最古老的房子都是给死者的？活着的人住的房子在哪里？五千年前给活人住的房子在哪儿呢？

它们很早以前就没了，原因是这样的：一个人如果觉得自己只能活五十年左右，他就会用木头或泥砖来建造自己的房子，让房子只在自己的有生之年可住，所以，木头房子都朽烂了，用泥砖建造的房子也化为了尘土。但他希望自己死后永生，所以，如果他是一位国王，就会给自己建造一座死后也可以住的房子，让自己住到审判之日来临。

你知道吗？在基督诞生之前几千年，埃及人就相信死而复生。他们相信自己的遗体有一天会复活，所以他们用石头建造可以等到那一天来临的金字塔，并把自己的遗体做了防腐处理，也就是做成我们所说的木乃伊，用来迎接那一天的来临。现在，金字塔还在埃及，金字塔里的木乃伊却不在了。它们被偷走了，或被取出来放进博物馆，让所有人都能看到，尽管当初建造金字塔的人用尽方法，就是为了在审判日来临之前让自己的遗体不受打扰。今天，我们不太在意自己死后怎样下葬或在哪里下葬。即使现在的国王和王后下葬，也只是在陵墓上竖一块纪念碑，或者葬在简朴的陵墓里。

古埃及的统治者在尼罗河畔建造了上百座金字塔，但最大的一座，是由基奥普斯法老在基督诞生之前三千年建造的，也就是距今大约五千年。这座金字塔几乎高达五百英尺（一英尺等于三十点四八厘米）。确切说来，它以前有四百八十英尺高，但是顶部塌掉了，现在只有四百五十一英尺。尽管这样，它依然是世界上最大的石头建筑，是一座石头堆成的山。

吉萨金字塔

　　基奥普斯金字塔是用一个天然石矿的坚固石头建造的，但因为金字塔所在的地方附近没有石头，这些石头得从石矿运过来，有的远在五十英里（一英里约为一点六千米）之外，有的远在五百英里之外。有的大石头比一辆满载的货车还重，把这些石头拖到金字塔所在的地方，需要好几年。

你知道吗，不像我们现在搬运大型物品，那时没机械——没有滑轮和吊车，没轨道和卡车，也没有发动机或机械设施，所以，**每一块石头都得依靠纯粹的人力拖运**。几百人在前面拖，几百人在后面推。然后，每一块石头还得抬起来，放在合适的位置。人们或许在金字塔旁边修了一条路，好让石头滑到适当的位置。基奥普斯金字塔据说用了**二十年的时间**建造，法老雇用了**十多万工人**。

金字塔完工时，它的表面都是打磨过的光滑石头——也许是一组组不同颜色的花岗石，但这些打磨过的石头很早都被盗走，用来建造其他房子，所以，金字塔周边，现在都是粗糙和不规则的台阶，每一个台阶有几英尺高，从任何一边，你都可以逐级爬到顶端。

另一个角度的吉萨金字塔

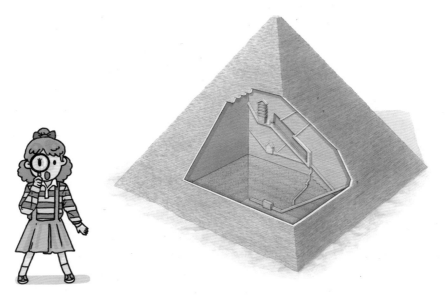

吉萨金字塔的透视图

　　我们说的大金字塔，如果像一块黄油那样从中切开，会有三个上下重叠的小房间和几条通往三个房间的倾斜通道。其他部分则是坚固的岩石。看看上面这张图。

　　最上面的房间是保存法老自己的木乃伊的，为了确保这个房间上面的石头不会把房间压垮，他下令建了五层的石头天花板，层层相叠，每一层天花板上面都有一个间隙，最上面是一个倾斜的天花板。从他的房间两侧倾斜向上的两条线，则是小小的气流通道。他的房间下面是王后的，再下面的房间，是地下室或金字塔基座之类的，或许什么也不是。有一阵子，这曾经是大金字塔的一大神秘之处，但是现在我们觉得猜到了这一谜底。你看，外面只有一条通道进来。有一条秘密通道通往法老和王后的房间，但一直往前的那条通道通往那个什么也没有的房间。基奥普斯害怕他和王后葬到这座陵墓之后，他的某些敌人可能想偷走他们的木乃伊，阻止他们在审判之日复活。所以，他下令，在他下葬之后，把所有通道填满石头，然后把入口封死，这样就没人能知道或找到入口。

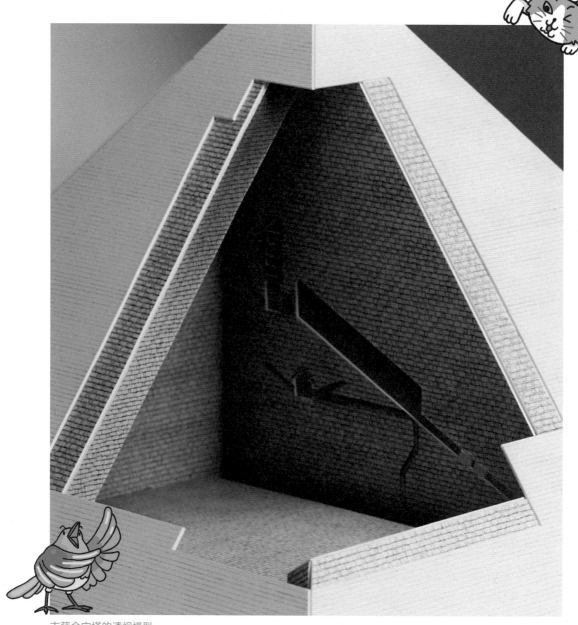

吉萨金字塔的透视模型

　　基奥普斯也想到，要是有人真的找到入口，从通道往下挖到地下室，这条直接的通道就会让他偏离正道，他会一直往下，不会察觉另一条通往法老和王后房间的秘密通道。当他最后来到这个空房间，他什么也发现不了——这是一个愚人节的玩笑。

　　然而，尽管基奥普斯采取这些特别措施来防止任何人找到他们的木乃伊，这些通道和房间后来还是被人发现而且打开了，他们的木乃伊也被盗走了——到了哪里，是谁干的，没人知道。这是人们给基奥普斯开的一个玩笑。

　　不过，就像我给你讲的，金字塔有一百多座，它们并非都有真正的金字塔的形状。也就是说，**不是所有的金字塔的各个面都是三角形**。有的金字塔，周边底部倾斜度很小，然后，仿佛建造者改变主意，它们突然向顶端倾斜。建造这样的陵墓的法老，可能已经生病，害怕自己会在金字塔完工之前去世，所以不得不加快进度。有的金字塔，周边则是一些很高的台阶弯曲向上。或许，这位法老只是想让他的金字塔与众不同。有的金字塔不是用石头而是用砖来建造，或许，建造这样的金字塔的法老比较穷。

萨卡拉阶梯金字塔

有三座伟大的金字塔相距不远，宏伟地矗立在沙漠之中，如同过去的数个世纪，它们还会矗立无数个世纪，用它们的雄伟壮观让世人惊叹。

　　只是巨大，并不会让一样东西显得美丽。一个庞然大物可能很丑。但是，金字塔是人类想要创造不朽之物的纪念碑，它们的建造者成功地建造出人类所能建造的最持久、最永恒的东西。金字塔也是他们相信死后复活的纪念碑。当我们想到，这些巨大的纪念碑建造以来，已有成千上万的人来到世上又已离去，这些金字塔依然矗立的时候，还有无数将要来到世上又将离去的人，它们也会让我们想到我们的微小生命之短暂，还有令人敬畏的永恒，这就是艺术。

吉萨金字塔远景

你住的房子是什么样的呢？
是高楼还是平房呢？
是在繁华的城市里，
还是在宁静的乡间呢？
你对你家的房子满意吗？

所有金字塔都是陵墓，但并非所有陵墓都是金字塔。也就是说，有的陵墓根本不是金字塔的形状，只是平顶的石头建筑。更有甚者，有的陵墓只是尼罗河西岸的岩壁上凿出来的洞穴。这些岩墓在尼罗河西岸凿出，是为了让入口面朝东方，向着初升的太阳。古埃及人从来不让他们的陵墓朝着别的方向，因为他们觉得，只有陵墓朝着东方，太阳神才可在审判之日唤醒死者。如果陵墓面朝太阳神，他就可以唤醒这些死者，就像初升的太阳在早晨照进面东的窗户，唤醒沉睡之人。

这里是一张岩墓的图片。这个岩墓位于贝尼哈桑，是最著名的岩墓之一。

它尤其有意思，因为正面有两根柱子——从同一岩石凿出的两根柱子。没有任何一个金字塔外面有柱子。

这就是世界上最古老的房子：死者的房子——金字塔和陵墓。

贝尼哈桑岩墓

第 **61** 章

神庙

Houses for gods

　　我们所有人某个时候都建造过房子，它可能是一吹就倒的纸牌房子，或是用书搭的房子，或是用积木搭的房子，或是后院一个棚屋。

　　对，**每座房子都得有墙和屋顶**。如果你把两块积木或两张纸牌靠在一起，你就既有了墙来形成屋顶，又有了屋顶来构成墙。这是最简单的方法——侧面既是墙也是屋顶，就像帐篷或棚屋那样。金字塔的各面既是墙也是屋顶。一个金字塔就像一顶帐篷，除了中央的小房间其他部分都建成了实心的。

　　我给你讲过，最古老的建筑是陵墓。**第二类最古老的建筑则是庙宇——人类给神建的房子**。下页这张照片，我们认为就是一座神庙的废墟。它可能根本没屋顶，但你可以看到几根石头横梁还在。它叫作**史前巨石柱**，但不在埃及，而在英国。我给你看这张照片，是因为这些依然矗立的石头，很好地展示出它是如何建造的——不是像金字塔那样建造，**而是把一块石头放在两块竖立的石头上面。这是第二种建筑方法**。

史前巨石柱

　　史前巨石柱的废墟，看起来很像一个小孩子用积木搭的房子——两块积木竖起来，上面放一块积木。但这些积木是石头，比一个人大很多倍的巨石。建造史前巨石柱的原因，可能只是把一块神圣的土地围起来，古人好来敬拜太阳神，因为这远在基督诞生和基督教产生之前。建造史前巨石柱的人，我们称为德鲁伊特人。

卡纳克神庙（门前竖立的是拉美西斯二世的雕像）

　　最伟大、最古老的一座神庙在埃及，叫**卡纳克神庙**，它的一部分是拉美西斯二世所建，就是下令杀死埃及所有希伯来男性婴儿的那位法老。**它也是一座废墟，世界上最美的一座废墟。**你可能觉得一座废墟不会很美，因为一所破旧的房子或一个缺胳膊少腿的人通常不美。你为什么要觉得这座卡纳克神庙的废墟很美？我知道有个人在他的花园建了一个废墟！这当然很荒谬。

曾经支撑卡纳克神庙屋顶的那些石柱，将近七十英尺高（比一个站立的人高了十二倍），有十二英尺宽（比一个躺着的人的长度宽了两倍）。这些柱子，有的做成一株莲花的形状，有的做成一束莲花的形状。莲花，就是尼罗河中生长的睡莲。

卡纳克神庙石柱

卡纳克神庙方尖碑

　　埃及还有其他神庙，尽管都比较小，但多半是用同样方法建造的。先是通往神庙的两列狮身人面像，然后是两块方尖碑。方尖碑是一块高耸的尖顶石头，据说它代表一束太阳光。

　　方尖碑之后，是神庙大门，由两侧的两座巨塔组成。塔身内倾，在高处成为金字塔形。据说古代的占星师——也就是用星星算命的人——曾经走上塔顶"观测星象"。这些巨塔的正面有雕像，参见第32章的图片。

　　门内是墙围起来的庭院，在这后面是立柱大厅，名叫多柱厅。在这后面就是最神圣的地方，用于安放神像。

　　你应该知道，人们出国时，喜欢带点纪念品回来。对，国家也是这样。有些国家把埃及的很多方尖碑运回自己的国家。有时候，这些纪念品是送的，有时候是买的，有时候是偷的。我们也有一块，在纽约的中央公园，伦敦的泰晤士河畔也有一块。这两块方尖碑被叫作"克娄巴特拉之针"，尽管早在名叫克娄巴特拉的埃及女王出现之前它们就存在了。它们看起来更像巨型铅笔，而不像针。还有一块在巴黎一个美丽的广场中央。罗马也有很多。

中国也有许多庙宇，
你都去过哪些呢？
和上文对照着回忆一下，
你见过的庙宇有哪些独特的、
令人印象深刻的地方？

第62章

土饼宫殿和神庙

Mud pie palaces and temples

　　《圣经》里的迦勒底人，就是我们所说的两河流域国家的智者与祭司。他们是迦勒底这个地方的人，那是两河流域的一个国家，跟亚述和巴比伦一样。亚述比巴比伦和迦勒底更靠北一点，但这三个国家都很相似，有时候，三个国家都是一个国王统治。

　　两河流域国家由两河之间的运河网灌溉，所以土壤肥沃。那里生长着世界上最好的庄稼，平原上修建了很多大城市。现在，这些平原都很干燥，像沙漠，因为运河未能得到很好的保护，没有水，庄稼就长不了。在平原上，你现在可以看到曾是宫殿与城市所在的大小土丘。这些就是这片古老土地上的优美建筑留下来的遗迹，它们已化为尘土，因为都是用我告诉过你的泥砖建造的。想象一下国王的宫殿用泥砖建造——就像土饼一样在太阳下烤干！但你还记得吗？这些两河流域的人用釉砖和石板装饰他们的泥土墙。这些砖就像浴室瓷砖一样鲜艳，石板刻有浅浮雕，所以，哪怕是一座泥砖宫殿也变成了优美的建筑。

只有泥砖，对两河流域的建造者很不利，他们没法把泥砖屋建到一层以上。房子太高的话，就会坍塌。墙壁不够结实，没法支撑第二层。因为只有一层的房子看起来不太像宫殿，这些人建造宫殿时，会首先垒起一个土丘，平顶或平台用晒干的泥砖构成，把宫殿建在上面。这样宫殿看起来就比较高大。

平台四周很陡——多半几乎垂直。为了走到平台顶上，人们在它旁边修了一条斜道。

由于土墙容易破裂，建造者必须把宫墙修得非常厚实，有的墙有二十英尺厚。这些地方的阳光很强烈，这些厚墙可以抵挡热气。为了进一步抵挡热气，两河流域的人把宫殿建得没有窗户，房间只用灯来照明。

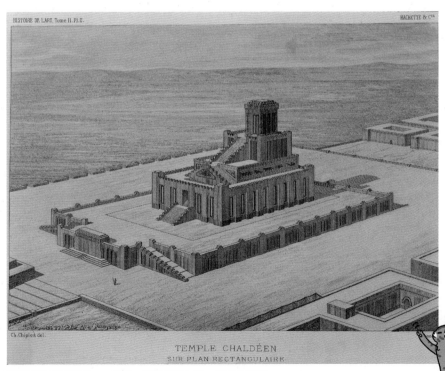

迦勒底神庙复原图　　乔治·佩罗和查尔斯·奇皮兹镌版

017

Ch.Chipiez del.　　　　Imp.Ch.Chardon.　　　　Hibon

TEMPLE ASSYRIEN

亚述神庙复原图　　乔治·佩罗和查尔斯·奇皮兹镌版

　　我们通常觉得宫殿的房间很宽敞，但两河流域泥砖宫殿的房间都很小。它们必须这样，因为缺乏石头和跨度足够大的木梁。不过，建造者用很多房间来弥补宫殿房间的狭小。

　　祭司们修建的神庙也是以泥砖为材料，但用单独一层平台做地基显然不够，所以他们建了几层，一层叠在另一层上面。这就像是阶梯式的金字塔，因为每一个平台都比下面一层的平台要窄。今天，在纽约和其他城市，建筑师又用这种古老的方法来设计高层建筑——我们称之为层层内缩。

　　你还记得《圣经》中大洪水的故事吧——巴比伦人怎样建造了一座巴别塔，万一洪水再次来临，人们可以爬上塔顶，不被淹死。不过，**巴别塔不是垂直建造的**，它是一座如我所说的有台阶的金字塔。它就像由一套不同尺寸的积木叠在一起，每一块都比下面那一块小一些，每一块都从下面一块的斜道上去。最上面也是最小的平台上，是神庙或神龛。

巴别塔　老勃鲁盖尔

巴别塔据说有七层巨阶。七是一个有魔力的数字。每一个台阶敬奉一个天体。最高的台阶敬奉太阳，镶满金子。下面一级敬奉月亮，镶满银子。再下面那些敬奉五大行星，涂成不同颜色。

迦勒底人率先研究行星及其运行，很多行星由他们命名，我们现在仍在使用这些名字。这些研究行星的人，我们称为天文学家。迦勒底的天文学家把阶梯式的金字塔顶端的神庙作为天文台——也就是观测天体的地方。这就是为什么人们要把迦勒底人称为两河流域国家的智者。

有句老话叫"急中生智"，有时，如果你的需要得不到满足，你会创造出别的替代物。正是这一必需，让亚述人发明了我们今天使用的最重要的一种建筑方式，这就是**拱形原理**。

亚述人没有长度足够的石头横跨一个大房间来构成天花板，所以，他们必须发明一种方法，用小块的石头或砖来覆盖房间或门道。你可以把一个敞开的门道称为拱门，但一块石头或木头横放在一个开口上，并不能形成一个拱门。一个拱门必须由几个部分组成。而且，你没法把砖或小块石头用水泥粘成一块，让它们足够结实，横跨两道墙，而且不会断裂。

但是，如果你把石头砌成某种形状，它们就不会断裂。这种方法就是把石头砌成一道弧线或半圆，而这就是一道拱门。

这一简单排列让石头保持原位，这并非由于它们粘在一起，因为不管有没有用水泥，它们都会保持原位。由于每块想要滑落的石头都相互挤压，全都紧紧地挤在一起，因此没有一块石头会脱落。拱门顶上的重量愈大，石头愈是紧紧地保持原位，只要它们没法推倒边墙来增大空间。

石拱门

试试用两手挤压几本直立的书。如果你用力挤压，它们不会倒下，但只要放松，它们就会倒下。所以，为了防止构成拱门的石块滑落，拱门的边墙都砌得很厚实。

不仅门道，整个房间都可用同一方法覆盖。把房间覆盖起来时，拱顶就成了所谓的桶形拱穹，因为这样一个穹顶房间的天花板就像半只桶。如果房间本身的墙是环形的，**天花板就成了一个倒置的碗**，我们把这个碗称为圆屋顶。原理是一样的，都是拱形原理。

建造拱门、穹顶或圆屋顶时，石头必须先砌在某些支撑物上面，因为只有最后一块石头就位，拱顶才会牢固。通常，在两墙之间，人们会搭一个称为"拱鹰架"的半圆形临时木架，在其上面建造拱顶，从两侧开工，往上建造。顶端最后一块名为"**拱心石**"的石头就位时，拱鹰架才能拆掉，拱顶才能独立支撑。然而，在亚述，做拱鹰架的木头稀缺，只有很少的拱门或穹顶得以建造，直到大约一千年后，拱形建筑才变得常见。

在埃及，金字塔依然矗立，因为它们是用石头建造的，且有能保持得最久的形状。它们不可能坍塌。在两河流域，宫殿或神庙早已不存。建造它们的泥砖化为了尘土，只剩下长满荒草的土丘。

没人相信我们今天的城市可能也会变成长满荒草的土丘，就像古亚述和巴比伦的城市那样，也没人相信成千上万的居民和街头行人可能消失。当年的亚述人或许也是这么想的。

本章介绍的建筑都已经不存在了，
所以没法给你看照片，
或许你可以按照自己的想象
创作它们的复原图，
说不定当时的设计师和你的想法一样！

第 63 章

完美的建筑

The perfect building

你要是算术或作文出错，可以修改或撕掉重做。如果一幅画或一尊雕像很丑，可以移出人们的视线，或者毁掉。但**一座建筑很丑，它会立在那里让每个人看到**。直到坍塌或者推倒，否则它的丑陋和缺陷没法遮掩。从前有位建筑师自杀了，就在他设计的宏伟神庙完工之时。他留下一张字条，说他设计这座神庙犯了五个错误，因为这些错误没法修改和遮掩，人们永远都会看到，他受不了这种耻辱。

大多数落成的建筑都有很多缺陷，它们有很多丑陋之处，尽管很少有路人会留意到这些错误。

但是，有一座两千多年前落成的建筑没有缺陷，它是世界上不多的**完美建筑**之一。它是男人建造的，但建给一位女性，为了敬奉一位古希腊的智慧女神，她的名字叫雅典娜·帕提侬。这座建筑就以她的名字为名，叫作**帕提侬神庙**。它位于希腊雅典城内一座高耸的山丘上，尽管部分被毁，人们还是从世界各地来到这里，看看一座完美的建筑是什么样子的。

帕提侬神庙

　　埃及神庙是平屋顶，因为埃及少雨甚至没雨，所以用斜屋顶来遮雨并非必需。希腊神庙得有斜屋顶，因为希腊多雨。所以，帕提侬神庙有一个斜屋顶。

　　埃及人的神庙把柱子建在庙内。希腊人则反过来，把柱子建在外面。希腊神庙不是用来集会的，只是安放神祇雕像。人们不会像我们一样到教堂里面敬拜，他们站在外面敬拜。希腊人使用的柱子跟埃及人使用的柱子不同，它们更简单，也更美。

希腊神庙有三种柱子，帕提侬神庙的柱子是男性风格的，称为**多利克柱**，以一个古老的希腊部落命名。不仅柱子，始终伴随这一独特柱式的建筑风格也很有力和简朴，所以人们称之为男性风格。希腊有很多多利克式建筑，帕提侬神庙是其中最美的一座。

多利克式建筑建在一个阶地式或有台阶的平台上。不像两河流域的神庙用表面铺了雪花石膏的泥砖建造，它是用坚实的石头建造的，通常为大理石。希腊建筑不会骗人，它真的表里如一。

如你所知，女士的衣帽风格时常变化，但建筑的多利克风格延续了两千多年，甚至我们今天仍在使用。我现在就给你讲一讲这种风格，好让你看到这种建筑时能够说个大概。

多利克柱没有基座，直接立在平台上。它像树干一样渐渐变细。它的周边并非垂直，虽然看起来如此。实际上它略微凸出，这一凸出称为凸肚状。柱子呈凸肚状，是因为如果周边垂直没有凸出，中间部分看起来就显得比较细。

现在有些建筑师看到多利克柱总是略微凸出，就觉得他们可以把凸出变得更大，以此来做改进。有些人，医生说吃一颗药时，他们会吃两颗，觉得吃一颗有益的话，吃两颗岂不更好。然而，希腊柱子的凸肚状恰到好处，再凸出更多，会让柱子显得肥胖和丑陋，就像一个人的肚子肥大那样。

多利克柱周边都有凹槽——凹槽让柱子从上到下有着细长的阴影，让光滑的柱子不再平淡。现在的大多数柱子没有凹槽。你可以想象，在大理石上完美无误地凿出这些凹槽有多艰难。一个失误就会毁了整根柱子，而且无法修复。

柱子顶端称为柱头。柱头是用一块碟状石头做成，在它上面则是一块薄薄的正方形石头。**你得看图才能明白这些部分**。（见右页图片）

你住的地方可能就有多利克式建筑，因为我说过，我们今天还在采用这一风格。它可能是一家银行或图书馆，一座法院或别的什么建筑。你可以去看一看，看它是否有着一座完美的多利克式建筑的这些元素。

多利克柱广泛存在于我们的生活中，
你留意过吗？
记清楚它的特征，
下次再见到时，
你就能自信地向小伙伴们介绍它啦！

看看柱子是石头的还是木头的。

看看柱子是有凹槽还是光滑的。

看看柱子的柱头和其他部分是不是真正的多利克风格。

帕提侬神庙建成以来，人们想要改进多利克式神庙的风格，但似乎无法做到。偏离原作的每一个变化都没那么好看。

帕提侬神庙的多利克柱头

我还记得当初我上学的教室墙上挂了一幅帕提侬神庙的图片。日复一日，我都看到它。有一天，我问老师图片上是什么。

"这是世界上最美的一座建筑。"她答道。

"什么！这破旧房子？"我叫道，"我不觉得有什么好看。"

"你当然不会觉得。"她答道。

这句"你当然不会觉得"让人懊恼。我想争辩它为什么不好看，但她不跟我争辩。

"等你长大就知道了。"她说。

我很讨厌被人当成不知道什么是美的小孩子，于是我想要发现帕提侬神庙为什么不好看。但是，我想找的论据愈多，我找到的论据就愈少。

然后有一天，二十五年后，我第一次望着蓝天之下这座宏伟的多利克式神庙，身旁有一位旅行者说："我不觉得这个破旧废墟有什么好看的。"

听了这话，我转过身去，差点就想说："你当然不会觉得。"

即使一个小孩子也能说出一个人好看还是不好看，但即使老人也未必能够说出一座建筑是美还是丑，否则我们就不会有那么多丑陋的建筑了。谁都可以说出一个人是否太高或太胖，他的耳朵是否太大，他的鼻子是否太小，他的比例是否匀称，**但看出一座建筑的比例是否匀称，就需要好眼力**了。谁都可以说出疣、斗鸡眼、双下巴和罗圈腿不好看。

有些建筑就有类似疣、双下巴和罗圈腿这样的毛病，即使老人常常也不能发现。但是，希腊人有着我们所说的"好眼力"，不只是用它来看人的外表，还用来看建筑的外观。

有些人看不出墙上一幅画是否挂正了。他们甚至可能量过，觉得挂正了，但一个"好眼力"的人可以看出尺子不一定能衡量出的东西——画可能稍稍有点斜，或许只是毫厘之差。

现在，每一位建筑师都有两大重要工具——吊线锤和水平仪。吊线锤让你知道一堵墙或一根柱子或别的什么是否上下垂直。水平仪边缘的玻璃管有个小气泡，让你知道地板或窗台或别的什么是否处于水平状态。你没法忽悠吊线锤和水平仪。

但是，希腊人说，你不能相信吊线锤和水平仪，因为**真正垂直的柱子看起来是向外倾斜的，真正水平的地板看起来中间是凹陷的**。这是因为我们的眼睛有错觉，正是因为我们看建筑的眼睛有错觉，帕提侬神庙的希腊建筑者把神庙建得适合用眼睛观看，所以，虽然所有线条可能显得垂直或平行，**帕提侬神庙却真的没有一根垂直或平行的线条**。这是让帕提侬神庙不同凡响的一大特点！

这些柱子并非一块石头做成，而是一块块精确凿出的鼓状石头镶在一起，没有一丝缝隙。有人甚至说，这些石块就像一根断裂的骨头那样，在恰当的位置长成一体！

帕提侬神庙

第 64 章

女性风格的建筑

Womanis style building

　　说一座建筑像女人，似乎不着边际，但古希腊人有不着边际的想象力。譬如，他们想象一个虚荣的男孩子变成了一朵被我们称为水仙的花，一个敢于爱上俊美太阳神的女孩子变成了向日葵，一个仙女变成了一株月桂树。所以，对他们来讲，一个女人变成一根柱子，或者一根大理石柱像一个女人，这些想象都不算不着边际。

　　基督诞生之前一百年，一位名叫维特鲁威的建筑师说，一根柱子顶端的两个卷曲就是女人的两绺头发，柱身的凹槽就是她的长袍皱褶，柱基就是她光着的脚。人们把这种柱子称为**爱奥尼亚柱**，因为最早出自爱奥尼亚，那是希腊在海对面的小亚细亚的一个殖民地。

　　但是，最好的爱奥尼亚式建筑是在雅典卫城，靠近多利克式的雅典娜神庙。它叫作**伊瑞克提翁神庙**，用于供奉伊瑞克提翁，据说他是从前雅典的国王。

伊瑞克提翁神庙（东面）

和多利克柱比起来，
爱奥尼亚柱具有柔美的特征，
你觉得有道理吗？
柱头的两个卷曲
还能想象成其他的东西吗？

伊瑞克提翁神庙的女像柱（南面）

　　帕提侬神庙是供奉女性的男性风格的建筑。伊瑞克提翁神庙却是供奉男性的女性风格的建筑。伊瑞克提翁神庙的三面都有爱奥尼亚柱，同一建筑的第四面，则用六尊女性雕像替代了柱子，她们的头部支撑着屋顶。这就是少女长廊。所以，同一座神庙，我们不仅有女性风格的柱子，还有真正的女性雕像。这些女性雕像被叫作**女像柱**。传说她们代表卡亚女俘，被迫这样站着，永远用她们的脑袋来支撑屋顶。其中一根女像柱被人带到英国，现在原址上由一根陶土制作的复制品替代。

伊瑞克提翁神庙的女像柱（南面，局部）

　　世界上最大和最著名的爱奥尼亚式神庙不在希腊本土，而在爱奥尼亚的以弗所。它是建给月神狄安娜的，华丽高贵，被人们誉为世界七大奇观之一。《圣经》讲到，圣保罗向异教女神狄安娜传教，几乎引起一场骚乱，人们不听他传教，在两个小时中不断高喊"以弗所的狄安娜万岁！以弗所的狄安娜万岁！"想要湮没圣保罗对他们的女神说的话。这座神庙现已不存（除了地面），但是以弗所人想要湮没的圣保罗的话，依然流传。

另一个世界七大奇观之一也是爱奥尼亚式建筑，是在一个叫作哈利卡纳苏斯的地方。但它不是神庙，而是摩索拉斯王的遗孀为他建造的陵墓。这一陵墓尽管不存，我们今天依然把所有大型陵墓称为mausoleum，这一名词就是因为摩索拉斯（Mausolus）而来的。

你不用去希腊就可以看到爱奥尼亚柱。你住的地方可能就有很多爱奥尼亚式建筑，但请留意它们是真正的爱奥尼亚式建筑，还是我们所说的混血式样。混血就是混合，就像一条狗，既有猎狐犬血统，也有斗牛梗血统，就叫混血犬或杂种狗。

现在的建筑师更多采用爱奥尼亚风格而不是多利克风格，所以，你要是想在自己住的地方数一下你能发现的爱奥尼亚柱和多利克柱的数目，爱奥尼亚柱可能比多利克柱多出好几倍。

无翼胜利女神庙外部

第 65 章

建筑新风格

New styles in buildings

人们厌倦一成不变的衣帽式样，想要发明新的式样。现在，女士们都去巴黎购买时装。同样，建筑师曾去希腊寻找建筑风格。为了创新和与众不同，有些建筑师设计了新风格的柱子，但他们设计的柱子都没有我讲过的两种希腊柱子好看。

希腊人设计了一种新风格的柱子，名为科林斯柱，但他们自己不太喜欢，几乎没有采用。古希腊建筑师维特鲁威讲过爱奥尼亚柱的故事，他后来又讲了一个关于科林斯柱头的故事。

维特鲁威说，一个装了玩具的篮子，上面盖了一片瓦，放在科林斯一个小女孩的墓上，这是当时的风俗。一次偶然的机会，有个篮子被直接放在一丛蓟的上面，蓟叶在篮子周围生长。一位建筑师看到这个蓟叶环绕的篮子，觉得这是上好的柱头样式，于是他用大理石雕了出来，替代了爱奥尼亚柱原有的柱头。科林斯柱就是这样被设计出来的。

宙斯神庙

　　所以，**科林斯柱只是有着不同柱头的爱奥尼亚柱**。这种希腊蓟叫作莨
苕，科林斯柱头周围向上和向外卷曲的部分就叫莨苕叶。柱顶的瓷砖叫作顶
板。在顶板下面的四个拐角各有一些卷轴状或曲线状的装饰，它们就像木工刨
出来的刨花，但跟爱奥尼亚柱的装饰不同，后者更像卷曲的音符。爱奥尼亚柱
的卷曲状部件前后对应，科林斯柱的卷曲状部件则呈对角线分布。

　　很多人觉得，科林斯柱头比多利克柱头或爱奥尼亚柱头都要好看，但也有
很多人觉得太花哨了，把石梁架在叶子上不自然。不管怎么说，尽管希腊人设
计出科林斯柱，他们却**极少采用**。

美国联邦最高法院外部的科林斯柱头细节

基督诞生之前大约三百年，希腊人就建好了他们所有的伟大建筑，他们所有的伟大建筑师似乎都去世了，因为在这之后没有更厉害的建筑师出现。

你要是学过地理就会知道，希腊几乎是地中海里面的一个岛（叫作半岛）。希腊旁边则是一个名叫意大利的半岛。意大利的首都是罗马，希腊衰落后，罗马就成了世界上很大一片地方的首都。

希腊人是了不起的建筑师，罗马人则是了不起的建造者。这两者有所不同。罗马人建造了很多很好的建筑，但他们的品位不如希腊人。罗马人更喜欢科林斯柱而不是多利克柱或爱奥尼亚柱。罗马人还制作了混合爱奥尼亚和科林斯两种柱头的柱子，这种柱子就叫**混合柱**。它有着爱奥尼亚柱的大幅卷曲或涡形花式和科林斯柱的莨苕叶子。人们常常很难分辨一根柱子是科林斯柱还是混合柱。混合柱的爱奥尼亚柱头比科林斯柱的柱头要大，就这么简单。罗马人也改变了多利克柱——给它加了一个基座，省略了凹槽和柱头的碟状部分。这种罗马柱子，叫作**伊特鲁里亚多利克柱**或**托斯卡纳柱**。

各种混合柱式

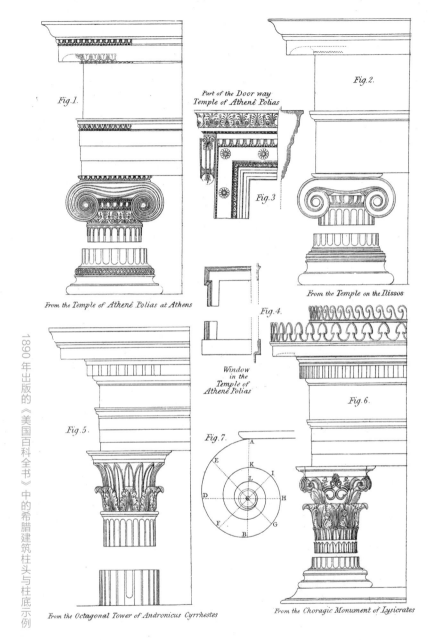

1890 年出版的《美国百科全书》中的希腊建筑柱头与柱底示例

Fig.1.

From the Temple of Athené Polias at Athens

Part of the Door way
Temple of *Athené Polias*

Fig.3.

Fig.2.

From the Temple on the Ilissos

Window
in the
Temple of
Athené Polias

Fig.4.

Fig.5.

From the Octagonal Tower of Andronicus Cyrrhestes

Fig.7.

Fig. 6.

From the Choragic Monument of Lysicrates

看看你能在上图找到多少种柱头！

这章介绍了好几种柱式，
是不是有些眼花缭乱啦？
其实不用死记它们的名字，
欣赏它们的美
和理解设计原理更重要！

罗马人对自己的建筑风格做的其他改动比较糟糕。为了让柱子看起来更高，他们常常在每根柱子下面加上一个盒子一样的基座。他们还把一分为二的半边柱子靠墙而立。这种靠墙而建的半边柱子叫作**半身柱**。他们把其他靠墙的柱子的表面建成平面，好让它们看起来四四方方。这种建成平面的柱子叫作**壁柱**。

罗马人的建筑，最了不起的地方是使用拱门。如你所知，亚述人发明了拱门，但很少使用，因为他们缺少用来建造拱门的石头，他们也从来不把拱门建在柱子上。希腊人，还有他们之前的其他建筑师，仅在两柱之间搭一块石头。单独一块石板跨度有限，所以，两根柱子之间的空间从来不会也不可能太大。罗马人率先在柱子之间建造拱门，而不是在柱子之间搭上一块石板。

罗马人还建造了桶形拱穹和圆屋顶，你还记得吧，就是用建造拱门的同一原理建造的拱形天花板。采用圆屋顶和拱顶，比起以前用单块石板或木板搭建的屋顶覆盖的空间要大得多。还有，石头拱顶或圆屋顶可以防火，木头屋顶当然就不行啦。

罗马人的建筑还有一个了不起的地方，就是**使用水泥和混凝土**。混凝土是由水、沙子、石块和水泥混合而成。这一混合物干了之后坚固得像石头。罗马人在拱门的石头之间使用水泥，用混凝土来建造圆屋顶和拱顶。当然啦，不管是拱门、圆屋顶还是拱顶，只要建造得当，就不需要水泥，因为石头紧紧地挤压在一起，根本不会滑落。但是，正如我告诉过你的，一个拱门的确需要厚实的边墙，这样构成拱门的石块才不会推倒边墙，因为每一块石头都会往周边挤压。

罗马大角斗场的壁柱和拱门

  罗马人找到一种方法来解决这一难题。他们用水泥或混凝土建造拱顶和圆屋顶，让石头粘在一起，这样，拱顶或圆屋顶就变成了**单独一块结实的石头**。这样一个混凝土圆屋顶会往下挤压，但不会往周边挤压，所以，厚实的边墙真的不再必需。

  你可以把一根树干或一架钢琴或一辆汽车放在石块或砖块上，树干、钢琴或汽车不会倒下。但是，如果把石块或砖块往周边稍稍推挤，上面的东西就会掉下来。你有没有竖起过一排石块或砖块，想要从那上面走过？试一试吧。如果你站在上面直接往下踩，它们不会倒下，但如果你把它们往周边稍稍推挤，它们就会倒下！对，一根柱子或一堵墙的负重也是同样的道理。正如我说过的，如果重量直接往下，一小根柱子或一小堵墙都能很好地承受重负。但是，一道拱门的所有石头不会直接往下挤压，它们往周边挤压，必须把墙建得厚实，它才能不被拱门推倒。然而，柱子上面有一排拱门时，每个拱门都会挤压旁边的拱门，彼此受力，互相抵消，这样，柱子就不会受到周边的挤压了。

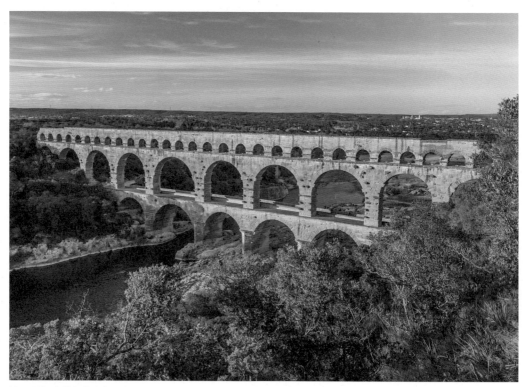

法国尼姆庞杜加德高架水渠上的罗马式拱门

　　拱门之间的相互挤压你可能看不到，但的确如此。试试推一下正在推你的另一个男孩子。你俩可以像字母A的两边那样靠在一起，但如果其中一人突然停止推挤或跳开，另一个人就会倒下。这就是一个拱门挤压另一个拱门的原理。把一个拱门敲掉，其他拱门都会倒下。

第 66 章

罗马不是一天建成的

Rome was not built in a day

　　有些人戴人造珠宝——只为给别人看。有些人建造混凝土房子以冒充石头房子，把木头柱子漆得像大理石柱，用看起来像瓷砖的墙纸覆盖灰泥墙面。这类假模假样的仿造是在欺骗作假。希腊人从不这样造假。罗马人却经常这么做，他们建造混凝土房或砖房，用薄薄的大理石片覆盖其表面。

　　基督诞生前后数百年间，罗马人建造了很多了不起的房子，也建造了比从前更多类型的房子。他们不仅在罗马甚至在意大利建造房子，还在罗马人统治的其他国家建造。

　　尽管罗马人建造了很多了不起的房子，但没有一座比得上希腊人建造的房子。原因在于**罗马人不是艺术家，而是工程师**。希腊人很虔诚，建造神庙；罗马人则是伟大的统治者，崇拜跟统治有关的一切。罗马人用工具设计他们的房子，希腊人则用眼睛来设计。罗马的建筑，每一条应该垂直的线都是垂直的，每一条应该水平的线都是水平的，每一条应该打直的线都是笔直的。就像他们用尺子、直角器和圆规画图，而不是仅仅用手。

正因如此，罗马的建筑看起来很呆板。我们对罗马建筑的喜好同对待一台发动机的感觉差不多。尽管**它们坚固有力**，但似乎总是缺少一幅手绘图画的美感。

你住的地方有多少不同类型的建筑？试着去数数它们吧。当然包括住房，还有什么别的建筑呢？——教堂、银行、商店、法院、图书馆，等等。

希腊人只有几种建筑，但罗马人建了很多种房子，不仅是陵墓和神庙、住房与宫殿，还有：

拱门和高架水渠

桥梁和浴室

法院和大厅

剧院和竞技场

有的是冒牌货，但并非所有都是，还是有华丽壮观的建筑。大多数罗马建筑现在已成为废墟，但有一座——建给诸神的一座神庙——依然矗立而且还在使用。它叫作**万神殿**，前面有一个科林斯柱的门廊，门廊后面是一个圆形建筑，有一个混凝土的巨型圆屋顶，就像一个倒扣的碗。支撑圆屋顶的环形墙有二十英尺厚，唯一的窗户是圆屋顶的顶端一个很大的圆形开口。窗户没玻璃，但因距离地面太远，即使下大雨，地面也很少淋湿。

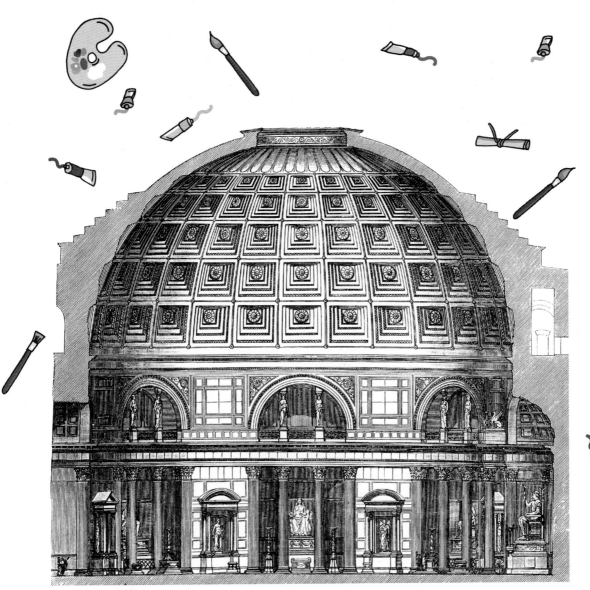

万神殿内部复原图

万神殿穹顶

矩形屋是罗马建筑中最精美的房子之一，既有科林斯柱，也有其他的各式柱子。

但它不在罗马，而在现今的法国，不过，在建造它的时候，法国还是罗马帝国的一部分，所以它是罗马人建造的。在法国，人们称它卡利神庙，意思就是"矩形屋"。

矩形屋

罗马演员进行表演的剧院没屋顶。座位是石头的，排成半圆形，一排排像今天的剧场座位一样向上倾斜。法国一个名叫奥兰治的小镇，就有一座罗马剧院，至今还在演戏。

尼禄是罗马统治者中最坏的一位，也是一个很差的建造者。他给自己造了一个巨大的宫殿，周围都是公园和湖泊。这座宫殿名叫"金屋"。后来的统治者把它摧毁了。他还给自己塑了一尊大型雕像，据说有一百二十英尺高。这尊雕像只有基座留了下来。

在尼禄的巨像附近，后来建了一座大型竞技场，名叫**大角斗场**。竞技场有点像一个足球场，但不是用于体育比赛，而是用于人与人或人和野兽之间的角斗。大角斗场的石头座位排成一个椭圆形。外墙有四层楼高，下面三层都是一排排拱门。第一层（或地面那层）的拱门之间，有很多多利克柱。第二层的拱门之间有很多爱奥尼亚柱。第三层的拱门之间是科林斯柱。第四层的墙上则是混合式壁柱。

大角斗场现为一片废墟，但很大一部分还在，它就像今天的大型体育场，可以容纳很多人。但还有一个更大的竞技场，名叫马克西穆斯竞技场，它可以容纳一个大城市的人口，比今天最大的体育场能容纳的观众还要多。这里的竞技场并不是指马戏团，它的意思是一个圆圈，而马克西穆斯竞技场的意思就是一个最大的圆圈。

巨型的马克西穆斯竞技场大部分都消失了，只有一些地基还在。

罗马人还给家里没浴室的平民建造公共浴室。这些浴室都是大型建筑，有带拱门或拱顶的房间，一千多人可以在里面同时沐浴。它们不仅有冷水、热水和温水浴，还有健身房、游乐室和休息室等，是供娱乐休闲的公共场所。

罗马大角斗场

大角斗场在刚修建好的时候
能进行海战表演，你能想象吗？
因为大角斗场本身由人工湖改建而来，
相关设施齐全，所以能上演这类"特效大片"。
你会为这么大的舞台设计怎样的节目单呢？

　　罗马人建造了独立的大型拱门，为了让大获全胜的统治者带领士兵通过此门。这类拱门称为**凯旋门**。其中一座叫作**提图斯凯旋门**，是为了纪念提图斯皇帝征服和摧毁耶路撒冷城。提图斯凯旋门是一个很大的独立拱门。

提图斯凯旋门内侧浮雕

提图斯凯旋门

另一座著名的拱门是**君士坦丁凯旋门**，为了纪念第一个成为基督徒的罗马皇帝。君士坦丁凯旋门有一个很大的拱门，两侧有两个较小的拱门。在这座凯旋门的图片中，你可以看到背景中的大角斗场。

君士坦丁凯旋门

　　罗马人建造的桥梁是世界上最结实、最牢固的桥梁之一。这些桥梁有的不是用来让人通行的，而是让水流过。这类桥梁的顶端是一个水槽，水从源头流向城市。这很像一条从桥上流过的河流。这类有水流过的拱门桥梁，叫作**高架水渠**，意思就是水管或导水渠。现在，水都是从河里、湖里或水库导向城市，用地下或翻山越岭的大型管道导引。但罗马人用高架水渠而非水管来把水引到城市，这些高架水渠——有的长达五十多英里——适度倾斜，让水总是往山下流动。第65章就有一幅高架水渠的图片。

　　罗马人有一种建筑为后来的基督教堂采所用。这些建筑是法院或公共大厅，叫作**长方形会堂**。它是里面有一排排柱子支撑屋顶的长方形建筑，中间有条走廊，两边是侧廊，中间走廊上方的屋顶比侧廊上方的屋顶要高，就像今天我们的大多数教堂一样。在后面的章节，我会给你详细讲讲长方形基督教堂。

右图是一幅由乔万尼·保罗·帕尼尼
创作的万神殿内景图，
早在他生活的十八世纪，
这里就已经是著名的景点啦！
对比一下，
看看画里的人物，
是不是类似今天的参观者？
大厅内部有没有变化呢？

万神殿内景　乔万尼·保罗·帕尼尼

第 **67** 章

装饰物

Trimmings

　　男士穿西装打领带，女士佩戴首饰与其他饰品。建筑也有装饰物，让它们看起来不那么单调，不像尚未完工。建筑的这些装饰物，我们称为**线脚与边饰**。古希腊和罗马的建造者使用特定形状和图案的线脚与边饰，现在的建造者也使用很多同样的线脚与边饰。

　　你或许从未认真看过一道门的镶板，还有门框或窗户的边缘、天花板下的线脚图案，或是一座房子外面的其他装饰物，你要是注意看，可能会吃惊，因为**它们大多数不只是单调的线条**。它们有着不同的形状，这些不同形状的线脚都有名称，就像你认识的男孩女孩都有名字，所以，你可以认识一下它们。

　　我来给你一一介绍吧。

平缘

　　　　有一种线脚，从侧面看是方形的，它太简单了，你可能觉得不需要名称。它叫作**平缘**，意思就是丝带或带子。过去，女子，还有男子，在头上系一根带子，免得头发滑落，也把它作为装饰。现在，建筑也常常系上带子作为装饰。左边就是平缘的侧面图。

凹平缘

凹弧饰

凹线脚

反曲线脚

环状半圆线脚

圆凸饰

曲线脚

一条平缘凹陷下去，如同方形凹槽，就叫**凹平缘**，如左图所示。

有一种侧面看起来是半圆形的线脚，建筑师把它称为**环状半圆线脚**，木匠称之为半圆。

环状半圆线脚或者半圆凹陷下去，就成了空心半圆或凹槽。这就是**凹弧饰**，意思就是一个小洞，木匠称之为凹槽。

有一种线脚，侧面看起来像是一枚鸡蛋的弧形轮廓。建筑师把它叫作**圆凸饰**，意思就是鸡蛋形，木匠称之为鸡蛋线脚。

另一种线脚用同样的鸡蛋形曲线挖空。它叫作**凹线脚**。

右图是有着S形曲线的线脚。它的底部是空心的，上凸下凹，叫作**曲线脚**。你在学校用的尺子，可能就是曲线脚的形状。

左图这个线脚的侧边也是S形，空心却在上部，上凹下凸，叫作**反曲线脚**，就像波浪一样。

要是看到这些线脚，你觉得自己能不能认出它们和说出它们的名字呢？它们都是成双成对的，共有四对。一个是凸出的，一个是凹陷的，彼此对应。

平缘先生和凹平缘夫人

环状半圆线脚先生和凹弧饰小姐

圆凸饰先生和凹线脚小姐

曲线脚先生和反曲线脚小姐

通常，人们使用的不只是一种简单的线脚，而是两种或更多的线脚，一种跟另一种搭配，这类组合可以创造出一些美丽的线脚。

在大多数的组合中，方形平缘被夹在曲线脚之间使用。方形和曲线的这一搭配，让曲线脚更为突出，正如右图所示。

去看看你的家里或别人家里有多少这类线脚吧。

边饰也有好几种。最简单的是**锯齿饰**，又叫山形饰，因为很像士兵臂上佩戴的山形臂章。它有点像一个小孩子的涂鸦。

组合线脚

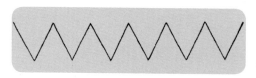

锯齿饰

另一种很简单的边饰叫作**扇形饰**，因为很像扇贝边缘。它是这样的：

扇形饰

倒过来就是这样的：

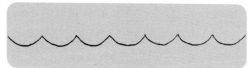

雉堞饰是这样的：

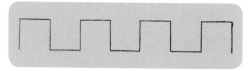

雉堞饰

雉堞饰有时又叫特洛伊墙，因为特洛伊有一道城墙，士兵透过城墙空隙可以射箭，还可从城墙后面的其他墙上跳下。

迈安德饰是这样的：

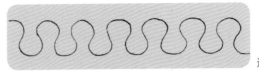

迈安德饰

迈安德河是小亚细亚的一条河，就像上图这样弯弯曲曲。你要是在上学的路上也这么走路，我们就会说你是在曲折前行。

回纹饰或**键形饰**是这样的：

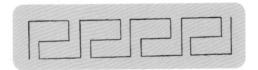

回纹饰（键形饰）

它看起来就像一排按键。

齿形饰是这样的：

齿形饰

齿就是牙齿，据说它看上去像一排牙齿。它也像一排钢琴键。

波浪饰是这样的，有点像平躺的S，一端卷曲或呈涡卷形。当然，要是见过海浪冲上海滩，你就能明白为什么有这个名称。我小时候喜欢给大写的S两端加上很多涡卷形，直到老师叫我别这么写了。

波浪饰

滚动涡卷饰是这样的：

滚动涡卷饰

一个浪头接着一个浪头，这是最漂亮的一种边饰。

串珠饰是这样的：

串珠饰

串珠其实就是小骨头，在我看来，串珠饰却是一串珠子——两个长珠子中间镶了两颗小圆珠。

链条饰是这样的：

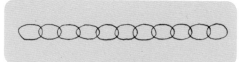

链条饰

这种边饰不是很漂亮，你觉得呢？

缆绳饰或**缆索饰**是这样的：

缆绳饰（缆索饰）

蛋镖饰是这样的：

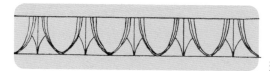

蛋镖饰

据说鸡蛋代表出生，镖则代表死亡——就是生与死啊。每个人都会出生和死去，他的儿女也会出生和死去。一代又一代人生生死死，永远如此。串珠饰总是用在蛋镖饰的下方。

莱斯比树叶饰是这样的：

莱斯比树叶饰

叶状饰是这样的：

叶状饰

树叶排列成心形。

希腊睡莲饰是这样的：

希腊睡莲饰

叶状饰常跟希腊睡莲饰交叉使用。

以上这些都是经典边饰，因为古希腊人和古罗马人都在使用。跟古希腊和古罗马有关的东西，我们都称为经典。

下一次，你画一幅画或装饰一幅画的时候，可以试着给画配上这些经典边饰的其中一种。这会很好玩。我知道有的男孩子给自己写的信、圣诞卡甚至算术作业的边缘配上这类边饰，有的女孩子用这些图案绣手绢和毛巾，但这些图案必须小心处理才会好看——**每个部分都要一致，距离要均匀，线条要协调。**

第**68**章

早期的基督教建筑

Early Christian

　　如果你日出就起床，你可以说自己是个早起的人。但是，建筑上的"基督教早期阶段"不是早起的意思，而是表示属于基督教历史的初期。今天一些最精美的建筑是基督教堂，但在很久以前，所有的基督教堂都是地洞。

　　这些地洞被称作**地下墓穴**。它们是在罗马地下挖出的一些地道，因为当时的基督徒受到迫害，也就是说，他们因为是基督徒而受到惩罚，所以得躲藏起来。他们躲在地下墓穴黑暗的秘密通道里。地下墓穴有供基督徒"做礼拜"的房间，还有一些房间可以让死去的基督徒安全下葬。

　　这就像住在煤矿里，只是更糟，因为要是罗马士兵抓住一名基督徒，通常会把他拿来喂狮子、活埋或砍成碎片。想象一下，你不得不住在地下，只要一来到地上，就有被抓被杀的危险。一开始，这可能让人激动和觉得有趣，但是，当你发现你的一些朋友或者你的亲属被抓被杀，那就一点也不好玩了。

　　所以，你可以想象，罗马皇帝成为基督徒时，住在地下墓穴中的基督徒们有多开心。

公元三世纪的圣卡利克斯图斯教皇地下墓穴

第一位成为基督徒的罗马皇帝名叫君士坦丁。君士坦丁成为基督徒后，基督徒当然就可以走出地下墓穴，在地上敬拜他们的神了。基督徒们发现，地上最适合做教堂的建筑是长方形会堂。你还记得吗，长方形会堂就是罗马人建造的法院。在法院，法官坐在一端的中央，背朝这一端的墙。法官前方是一个长长的走廊，两边有柱子，这个走廊通往正门。中央走廊的两边是侧廊。下图是长方形会堂的平面图。你得想象你是在一架飞机上，往下看着屋顶被拿掉的长方形会堂。那些线条是墙，那些点是柱子。法官坐的地方在图上方的一个半圆里。

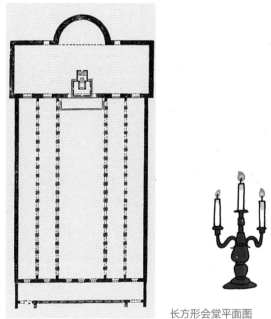

长方形会堂平面图

你可以用纸和铅笔找点乐子，给自己的家画一张平面图。比如你想象一楼的东西都被拿掉了，你就可以画一张一楼的平面图。如果你的家有三层楼，你可以给每一层楼画一张平面图。我小时候喜欢画想象中的房子的平面图，我通常会画一个游泳池、一个健身房和一个苏打水喷泉。

　　我们还是回到长方形会堂吧。在长方形基督教堂中，基督徒们把法官所在的半圆形空间作为祭坛和牧师布道的地方。教堂这一部分的前方有格子栏杆，罗马人称这部分为圣坛，所以，如今有的教堂依然把教堂中牧师布道的区域叫作圣坛。来到长方形教堂敬拜的教徒们坐在面朝圣坛的长椅上——就像今天有的教堂那样。教堂最主要的中央部分叫作中殿。圣坛和两旁的侧廊不属于中殿。

　　长方形教堂的窗户开得靠近屋顶。中央部分或中殿要比侧廊高，所以，中央部分的屋顶也比侧廊的屋顶高。中殿高达两层，侧廊只有一层楼高。窗户是在中殿二楼，这个部分叫作天窗，意思就是通风的窗户。我想你能猜到为什么这么叫。

城外的圣保罗大教堂　　乔万尼·保罗·帕尼尼

城外的圣保罗大教堂

　　从外面看，这些长方形教堂没什么好看的，很多看上去更像一座大谷仓，**但其内部装修得富丽堂皇**。柱子都是美丽的大理石柱，很多是从过去的异教徒建筑那里搬来的。墙上满是用小块石头或彩色玻璃制成的镶嵌画，像珠宝一样闪烁。地板和较矮的墙面铺着精美的大理石板。对于早期的基督徒来说，经历过地下墓穴，这些教堂看起来肯定格外华丽。

你住的地方附近有没有基督教堂呢？
如果有，对照文中所说的特点，
去实地考察一下吧！
检验一下作者说得对不对！

　　早期的长方形基督教堂中**最大的一座**是"没有墙（城外）的圣保罗大教堂"。一听名字，你可能觉得它根本没有墙。这一名称的真正意思却是圣保罗大教堂位于罗马城墙之外。它有一个中殿或中央部分，每一边有两条侧廊，而非一条。前页有一幅圣保罗大教堂内景图，表现了从中殿一直通到圣坛的场景。

　　你可以清楚地看到天窗。没有墙（城外）的圣保罗大教堂建于公元三八〇年，人们在那里敬拜了超过一千四百年。一八二三年，它失火被烧毁了，但人们依照失火前的样子重建了这座大教堂。你现在去罗马，依然可以去看这座大教堂。

　　这一章有四个很难的生词，不去复习我讲过的东西，看看你能得多少分。你要是讲出一个生词的正确意思——大声说出来，就能得二十五分。你能得一百分吗？

平面图（建筑用语）

中殿

圣坛

天窗

得分：

第 **69** 章

早期的东方基督教建筑

Eastern early Christians

你是一个好侦探吗？听一个人讲话，你就能分辨他来自美国哪个地方吗？至少，你能从口音和发音，说出美国南方人和新英格兰人的不同。

一个国家某一地区跟另一地区的人讲的都是不同的话。来自不同国家的人也有很多不一样的地方，他们穿不同的衣服，他们有不同的法律，他们吃不同的食物，他们画不同的画，他们建造不同的房子。

罗马皇帝君士坦丁成为基督徒时，罗马的基督徒走出地下墓穴，建造了长方形教堂。但是，罗马皇帝统治的还有其他基督徒，他们住在离罗马很远的地方。罗马帝国向东延伸到了亚洲。帝国东部的很多人也是基督徒。在君士坦丁的统治下，他们就像罗马的基督徒那样开始建造教堂。但是，因为属于不同的地方，东方的基督徒就以自己的方式建造教堂。他们不是很看重长方形教堂。

　　东方基督徒建造的教堂叫作拜占庭式教堂，这是因为拜占庭是罗马帝国东部最大的城市。这座城市现在依然很大很重要，但你在地图上找不到它——拜占庭改名了。皇帝君士坦丁搬到拜占庭居住，把它作为首都，而不是以罗马为都。他迁都的时候，把这座城市改名为君士坦丁堡。但你在现代地图上也找不到君士坦丁堡，因为它现在叫作伊斯坦布尔。然而，拜占庭这个旧名，却跟城中的建筑紧密相关。

　　拜占庭教堂和长方形教堂有一个很重要的区别，那就是拜占庭教堂总是有一些圆屋顶。有的教堂圆屋顶比较小，有的上面还加了一个方形屋顶，你只有在教堂里面从下往上才能看到圆屋顶。很多教堂有好几个圆屋顶。

　　罗马万神殿有一个圆屋顶，但万神殿不是拜占庭风格的建筑。万神殿的圆屋顶是混凝土做的，拜占庭教堂的圆屋顶通常是用砖瓦砌成的。万神殿的圆屋顶由一道环形墙支撑，拜占庭式的圆屋顶则覆盖一个方形空间。

　　大多数拜占庭教堂的平面图就像这样：＋。**这种四边等长的十字架叫作希腊十字架**。中央的圆屋顶通常是在十字架正中的方形空间上方。

　　这些有圆屋顶的拜占庭式建筑都很小，直到查士丁尼大帝即位。查士丁尼让他的建筑师们建造了**最好、最精美和最大的拜占庭式建筑，我们把它叫作圣索菲亚大教堂**，但索菲亚不是一个圣人的名字。索菲亚意为"智慧"，查士丁尼这座教堂的真名其实是圣智教堂。因为大多数美国人都叫它圣索菲亚大教堂，我们在这里也这么叫好了。

　　现在看看你能否明白圣索菲亚大教堂是怎么建成的。教堂中间是个巨型圆屋顶，这个圆屋顶由四个大拱门支撑，拱门的形状就像槌球门。每个拱门立在方形空间的一侧。

　　圆屋顶的底部，就靠在每个槌球门或拱门的上方。

　　圆屋顶下方，拱门顶端之间的空间不是空的，它们用砖砌满，好让圆屋顶的底部完全放在上面。拱门顶端之间的这些空间，看起来就像头朝下的曲边三角形，**这些曲边的三角形叫作穹隅**。我希望你能记住穹隅这个词。**正是这个穹隅，让拜占庭式建筑独具一格**。譬如，你不会在罗马的万神殿发现穹隅。

　　在右页图片中，你可以看到圆屋顶下的三个拱门和拱门之间的两个穹隅。

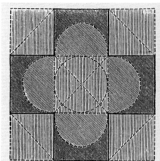

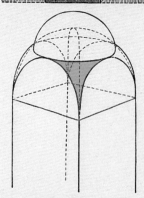

圣索菲亚大教堂及其细节构造图　出版于 1897 年的木刻版画

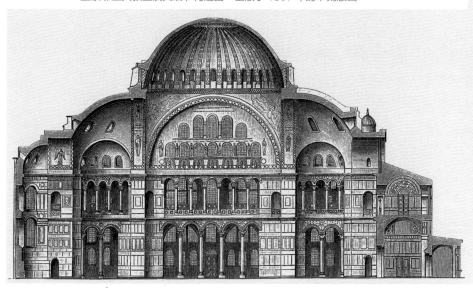

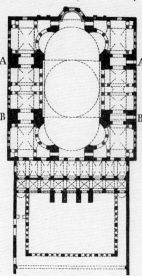

圣索菲亚大教堂内部

　　圣索菲亚大教堂的圆屋顶是用砖砌的，整个屋顶不像一个托盘或混凝土的万神殿屋顶一样紧紧凝聚成一体。这就意味着，圆屋顶会向下挤压支撑它的墙体，也会向外或向内挤压墙体。你应该知道，靠在房间墙上的一架梯子，地面如果没什么东西固定梯脚，一个大汉爬上梯子的时候，梯脚就会打滑。对，就像梯子朝一个方向挤压那样，圆屋顶朝各个方向挤压，所以，必须有什么东西来支撑墙体，不让圆屋顶把墙推倒。

　　下方的拱门承受圆屋顶朝下的挤压。圣索菲亚大教堂的建筑师们很聪明地解决了圆屋顶向外挤压的难题。他们在彼此相对的两道拱门外部的落地墙上建了两个半圆顶，它们就像书挡一样向建筑中央部分挤压，支撑着两道拱门。它们可谓不让拱门向外倒塌的支柱。

在另外两道拱门的墙脚，他们砌了一大堆砖石，**这些砖石也像书挡一样，让拱门保持原位，它们叫作扶壁。**

然而，尽管细心呵护，圣索菲亚大教堂的圆屋顶还是倒塌了！它是在完工几年后倒塌的。但我们不能责怪建造者。一场地震把砖震垮了，于是圆屋顶倒了。建造者没法防止地震。

重新建造圆屋顶时，人们做了改进。新屋顶的底部建了很多小窗户——共有四十个窗户。你在教堂内往上看时，圆屋顶就像建在一道道的光柱上，或者就像悬在空中，跟四道大拱门的顶端隔了数英尺的距离。

人们把圣索菲亚大教堂的内部誉为世界上最华丽的内庭。 中殿两侧为两层走廊。走廊由很多颜色各异的大理石柱支撑，有的是红色，有的是绿色，有的是灰色或黑色。这里是两组奇怪的数字：教堂内有一百零七根柱子，圆屋顶正好也是一百零七英尺宽。

下部的墙壁铺着美丽的大理石板，比柱子的颜色还多。上部的墙上有镶嵌画，用五颜六色的玻璃和镶金的大理石做成。

圣索菲亚大教堂建成将近一千年之后，土耳其人攻占了君士坦丁堡。土耳其人是伊斯兰教徒，不是基督徒。他们在清真寺敬拜，而不是在教堂。土耳其人的首领骑马进到圣索菲亚大教堂里，下令把这座基督教堂改为伊斯兰教的清真寺。除了几个天使，他们把美丽的基督教镶嵌画用灰泥遮盖起来。从那以后，没人可以不脱鞋就进到圣索菲亚大教堂，这和所有清真寺的规矩一样，鞋子不得践踏伊斯兰教的圣地。你要么脱鞋，要么别进去。

圣索菲亚大教堂内部

圣索菲亚大教堂鸟瞰图

　　从外面看，圣索菲亚大教堂很壮观，但有些人觉得不是很好看。注意看这幅图片中附在拱门两侧的大扶壁，它们用于支撑圆屋顶的挤压。

　　那些尖塔是什么呢？我希望你可以忘掉它们的存在，因为它们在图中显得很重要，很容易让你忽略建筑本身。这些尖塔不是教堂的一部分，而是教堂成为清真寺后，土耳其人加上的。

　　但我并非要你觉得，圣索菲亚大教堂是唯一伟大的拜占庭式建筑，或者所有的拜占庭式建筑都在君士坦丁堡。建筑的拜占庭风格随着希腊基督教会传播到世界各地。譬如，以前俄国的教堂几乎都是拜占庭风格，因为俄国人是希腊教会的信徒，而不是罗马教会的信徒。拜占庭风格的教堂现在仍在世界各地建造。

跟圣索菲亚大教堂齐名的另一座拜占庭式教堂在威尼斯，比圣索菲亚大教堂晚建数百年。威尼斯当时是一个海港共和国，不属于任何国家，是一座独立的城市。从威尼斯出发的船队驶往东方，把亚洲的美丽丝绸和香料运回来，威尼斯开始变得富有和强大。她的市民喜欢上了东方商品的鲜艳色彩，他们把很多可爱的颜色用在自己的拜占庭式教堂上面，使它就像太阳下的一颗宝石那样熠熠生辉。他们把这座教堂称为**圣马可教堂**，因为据说教堂是建在圣马可下葬的地方。

威尼斯圣马可教堂

威尼斯圣马可教堂内部

圣马可教堂有五个圆屋顶——中间一个大的圆屋顶，周围四个小的圆屋顶。这些圆屋顶不是太高，从远处不是很容易看到，于是，在每个圆屋顶上面，威尼斯人分别又建了一个更高的圆屋顶。这样，每个圆屋顶都是双层的。教堂内外铺满了明亮的镶嵌画，还有来自各地的珍贵的条纹大理石板。大门上方的四匹铜马，几乎跟教堂本身一样著名。**圣马可教堂可能是世界上色彩最丰富的建筑。**

好啦，我们又来评分吧。下面是这一章的生词，每一个词算二十分。你能把它们清楚地念出来吗，就像前一章那样得个好分数？试一试吧，大声念，记住这些生词。

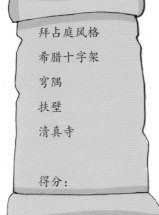

拜占庭风格

希腊十字架

穹隅

扶壁

清真寺

得分：

圣索菲亚大教堂和圣马可教堂
都是以华丽著称的建筑，
想一想，
为什么人们要为它们
增加这么多装饰，
投入这么多心血？

威尼斯圣马可教堂的铜马

第 **70** 章

黑暗中的光亮

Light in the dark

"有盛必有衰。"罗马帝国盛极一时，罗马人征服、统治几乎整个欧洲并带来了文明。然后，罗马人建立的这个强大帝国分崩离析了。

它始于东罗马和西罗马帝国的分裂。首都迁到君士坦丁堡之后，从前的首都罗马自然就失去了权力。最后，东、西罗马帝国分开了。君士坦丁堡继续成为东罗马帝国的首都，罗马则是西罗马帝国的首都，于是就有了两个罗马帝国和两位皇帝。但这一情形并未持续很长时间。

北方的野蛮人从法国开始，一路征战到了意大利。这些人凶猛粗鲁，他们既不会读也不会写，我们称他们为日耳曼人。日耳曼人最后占领了法国、西班牙和意大利。他们攻占了罗马，西边的旧罗马帝国灭亡了。我很好奇的是，日耳曼人进入罗马时，看到那些伟大的宫殿和剧院，还有神庙和纪念碑，他们都想些什么。

日耳曼人粗鲁无知，但他们是强壮勇敢的战士，他们成了基督徒，他们慢慢学会了定居地的欧洲语言。罗马帝国全境从前都讲拉丁语，那是罗马的语言。但在日耳曼部落的统治下，欧洲各地的语言变得不一样了。法国使用的拉丁语渐渐成了法语，西班牙使用的拉丁语成了西班牙语，意大利包括罗马本身使用的拉丁语变成了意大利语。一个西班牙人再也不能和一个法国人用相同的语言交谈了。

但是，西班牙、法国和意大利并未马上成为真正意义上的国家。到处都是战火，到处都在混战。这个部落跟那个部落交战，这个城镇跟那个城镇火并，从前的文明生活都被颠覆了。**对于文明来说，一切都变得愈加黑暗。**罗马人的方方面面都被遗忘了。即使人们并未忘记建筑是什么，但有这么多的战乱，大家根本没有时间用于建筑。从前的长方形教堂还在使用，但很少有新的落成。情形如此糟糕，我们把大约公元五百年到一千年的这段时期称为**黑暗时代**。

尽管欧洲的一切看起来都是那么黑暗，**黑暗中却有一些光亮。**查理曼大帝的统治是一个亮点。查理曼大帝也是日耳曼人，他没受过教育，不会写字。你能想象现在的一个统治者，譬如美国总统，连信都不会写吗？但是，查理曼大帝脑子很好使，而且他什么都想学。他做了法国国王，但并不满意，直到他把德国和意大利也纳入自己的统治。

查理曼大帝鼓励兴修建筑，他把他能找到的所有最聪明的人都招揽到自己的宫廷，他帮助复兴了旧罗马帝国灭亡后一度失落的知识和学问。公元八百年，他加冕成为新罗马帝国的皇帝。

黑暗时代闪烁的另一光亮，是基督教的僧侣们点燃火炬并保持不灭的。如你所知，僧侣是住在修道院的人。修道院由一名主管僧侣也即院长管理。僧侣们觉得，如果他们辛勤劳作，远离尘世的所有争斗和罪恶，他们可以过上更好的生活。

这些僧侣在修道院辛勤劳作，他们种菜，建造教堂和其他房屋，办学，画画，撰写历史，帮助前来求助的穷苦之人。对于我们来说更好的是，他们研习和妥善保存古罗马的作品，多亏了这些有学问的僧侣，我们才有可能更多地了解古罗马的方方面面。

蒙雷阿莱修道院

蒙雷阿莱修道院回廊的柱子

　　僧侣居住的修道院就建在教堂周围。这样的教堂叫作寺院（abbey），因为管理修道院的院长（abbot）而得名。教堂一侧一般是一个庭院。从教堂出来穿过庭院通常就是餐厅。教堂和餐厅顺着庭院两边由走廊连接。这些长长的走廊，就像两边有柱子的门廊，面朝庭院，称为回廊。回廊的柱子跟古希腊、古罗马的柱子不同，它们既不是多利克式或爱奥尼亚式，也不是科林斯式、托斯卡纳式或混合式，而是**形状各异**，即使是在同一条回廊。有的柱子扭曲如螺丝钉，或像你想拧干的湿毛巾；有的柱身饰以边带或交叉条纹。很多回廊的柱子成双成对，就像登上诺亚方舟的动物，这些柱子称为**对柱**。它们跟帕提侬神庙的柱子不太一样，对吧？

有些建筑建得很简朴，
仅仅能满足基本需求，
你觉得这样做的理由是什么？
和上一章的华丽建筑比起来，
你觉得哪种会更受欢迎？
说说你的理由，好吗？

蒙雷阿莱修道院回廊

第 **71** 章

圆拱

Round arches

不妨设想一下，来年就是世界末日！黑暗时代的多数欧洲人觉得，世界将在公元一千年毁灭。他们只是不知道这将怎样发生。他们觉得，世界或许会被一把大火烧掉，或许随着地震与火山爆发天崩地裂。他们坚信《圣经》上记载的，公元一千年将是世界末日。重要建筑不用建造了，因为这还有什么用处？它们都将在世界末日到来之际毁灭。

公元一千年来临了，什么也没发生。世界还在，于是人们觉得自己肯定弄错了。更多好房子建了起来，黑暗时代变得明亮了。

现在，我得给你讲讲**公元一千年之后的新建筑**。这种新建筑叫作**罗马式建筑**。对你来说，最容易认出一座房子是不是罗马式建筑的方法，就是看看门窗顶部。如果所有的门窗顶部都是**圆拱**，这座房子可能就是罗马式建筑。

人们称这种房子为罗马式建筑，因为它在曾经属于罗马帝国的那些国家建造。就像罗马帝国这些从前的属地各自有了源自拉丁文的语言，每个国家也各自有了源自罗马建筑的罗马式建筑。

比萨斜塔、比萨大教堂和比萨洗礼塔

　　意大利的罗马式建筑最接近古老的长方形教堂，所以，我要先给你讲讲**意大利最著名的罗马式建筑。**

　　你肯定知道这幅图片中的斜塔，这就是著名的比萨斜塔。斜塔旁边的建筑是大教堂。

　　不是每个教堂都是大教堂。大教堂是有主教的教堂。主教在教堂里的座位叫作主教宝座（cathedra）。因为主教所在的教堂都有一个主教宝座，所以这座教堂才叫大教堂（cathedral）。这幅图片中的教堂就是比萨主教的大教堂。

另一个角度的比萨斜塔、比萨大教堂

　　如果你从飞机上俯瞰一座大教堂，你会看到它是建成十字架形的。但这个十字架不是希腊十字架，因为十字各边的长度并不相同。**主干较长的十字架叫作拉丁十字架。**大多数罗马式教堂的平面都是拉丁十字架的形状。十字架的顶端总是向着东方，好让教堂这一端的祭坛靠近东方的巴勒斯坦，那里是基督的诞生地。

　　比萨大教堂的外观值得一看，尤其是如果你把自己当成侦探，可以看到大多数人留意不到的东西。有一排排柱子的拱门就叫拱廊。一个侦探马上就会发现，所有拱门顶端都是圆形，他于是可以猜到，这座房子大概就是罗马式建筑。大教堂西端共有四排这样的拱门或拱廊。

比萨大教堂的拱廊

你身边有罗马式建筑吗？
留心观察，一定能找到！
这种风格到现在都很流行。

还有一些东西，我觉得只有一个出色的侦探才能发现。**拱廊的高度是不一样的**。从地面往上数的第三层拱廊柱子最高，它下面那层拱廊的柱子不是太高，最高一层更矮，底层拱廊的柱子则是最矮的。一个极为出色的侦探也会发现，两层最靠近地面的拱廊，拱门比其他拱门要大。

让我们再凑近一点看看。一个超级出色的侦探还会发现，最上面两层的拱廊柱子，跟下面的柱子不太一样。

这些不同之处并非偶然。**拱廊是有意建成这样的**。如果四排拱廊都一样，大教堂的正面就会显得单调乏味。

现在，如果再看比萨斜塔，你会发现它所有的拱廊都是一样的。正因如此，斜塔没有大教堂那么好看。很多人甚至觉得斜塔很丑。我不觉得它丑，但我肯定不会说它跟大教堂一样赏心悦目，尽管你可能觉得它倾斜的样子更有趣。比萨斜塔比大教堂建造得稍晚，也许那个时候，建筑师早已忘掉了大教堂的拱廊为什么建造得都不一样。

比萨斜塔几乎在建造之初就开始倾斜。第一层完工之前，一边的地基比另一边矮了很多，于是工程停了下来。但是，过了几年，另一位建筑师又建了三层，直到因为倾斜不得不停工。再往后，又一位建筑师建成了这座塔。不过有些人说，建筑师最初就想把这座塔建成斜塔，好让它跟别的塔不一样。

没错，意大利的每个城市都想用引人注目的建筑来超越其他城市。但大多数人现在认为，斜塔一边的地基完全是因为土壤松软而下陷，所以塔身倾斜是个意外。塔顶比底部倾斜了大约十四英尺。塔顶有七口钟，最沉的一口钟挂在与倾斜方向相反的另一端，好让塔身保持平衡。

比萨斜塔

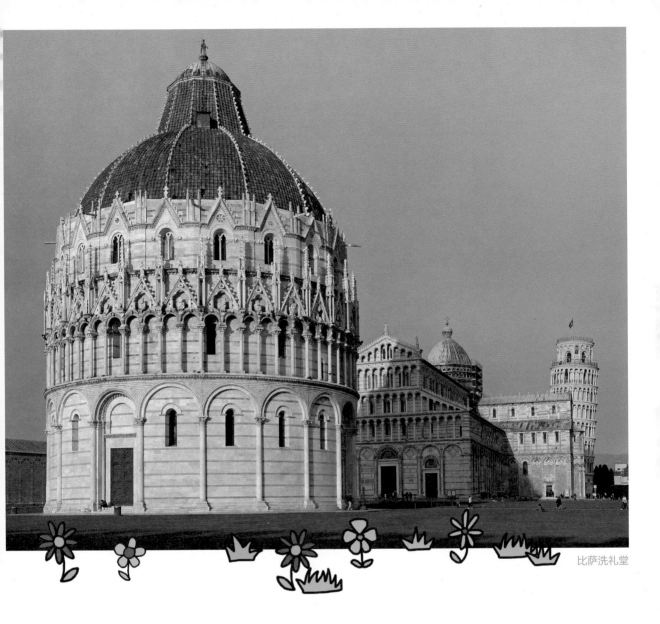

比萨洗礼堂

比萨大教堂附近还有一座圆形建筑，名为比萨洗礼堂。洗礼堂是用来给信徒施洗的。罗马式建筑时代结束之后，这种建筑的外观变化很大，因为后来的建筑师觉得，他们可以让这种房子的样子比当初更好看。

　　昂古莱姆大教堂是法国罗马式建筑典范。正如你在图片上看到的，教堂正面饰以雕刻。注意看那些罗马式建筑都有的圆拱。

　　在英国，跟随征服者威廉而来的诺曼人建造了很多石头教堂（church）、大教堂（cathedral）和城堡。就像法国人和意大利人的建筑，诺曼人的建筑也是罗马式的，但人们通常称之为**诺曼式建筑**，而不是罗马式建筑。诺曼人的罗马式建筑，现在看起来一如当初所建的已经很少了，因为后人总在添加东西，改变了它最初的样子。常有的情形是，一座英国教堂，某些部分是诺曼式的，但后来添加的部分根本不是诺曼人的风格。

　　德国也有一些精美的罗马式大教堂和教堂，它们的门窗上方都有拱廊和圆拱。这确实是**罗马式建筑需要记住的最大特征——圆拱和拱廊**。

昂古莱姆大教堂

第72章

城堡

Castles

　　从前，有一头吃人怪兽住在山顶坚固的城堡里，如果哪位不幸的旅行者途经城堡下面，这头怪兽就会下来把旅行者捉进城堡的主楼。

　　这听起来就像一则童话的开头，的确也是。但你可能不知道，童话故事里面有很多真相。中世纪的人相信童话和怪兽，那时有很多真正的城堡——大多数建在山顶。尽管没有真正的吃人怪兽，但我不得不说，有些城堡就住了坏人，真的把他们觉得可以敲诈的人关在城堡主楼里。当然，不是所有住在城堡里的骑士都是坏人。但是，他们大多数凶猛好战，**而且所有的古城堡都有关押犯人的地牢**。

　　这些城堡是因为封建制度而建。封建制度是这样运作的：君主会把他征服的一个国家分给几个领主，这些领主又把他们分到的土地分给其他领主，这些人再把他们的份额分给其他骑士。每个领主和骑士必须承诺，把土地分给他的领主一旦有需要，他要出手相助。然后，为了保护自己的土地不被任何人侵占，每个领主和骑士会给自己建造坚固的城堡。过去没有警察阻止一个人侵占另一个人的土地，每个骑士必须有自己的士兵和城堡来捍卫自己的权利。

每个城堡附近都有一个村子，住着既不是领主也不是贵族的平民。这些人并没得到善待。他们住在可怜的小棚屋里，大多数人必须把部分收成交给城堡领主，只要领主需要，村里所有男人必须在领主的军队里面服役。作为回报，城堡领主保护这些穷人不受敌人侵犯。

城堡周围砌有高大厚实的石墙。墙外是一条很深的水沟，叫作壕沟。通往城堡的唯一道路是壕沟上面的吊桥。吊桥可以从城堡里面收起，这样敌人就进不去了。如果敌人在吊桥收起之前上桥，他们会发现有一道大闸门挡住去路，这道门叫作吊闸，能从城门落下。

皮埃尔城堡俯瞰图

皮埃尔城堡的入口、塔楼与城墙

　　城堡大门和墙上都有高大的石头塔楼，一道狭缝就是一扇窗户。弓箭手可从这些狭缝向外射箭，而敌人从外面很难射进这些缝隙。

　　城墙内部有一个庭院，周围是马厩、士兵和仆人的住处、厨房，还有一个名叫主楼的高塔。城堡领主就住在这里。主楼有一个大餐厅，常常也有一个小教堂。城堡地下是监牢和刑讯室。要是遭到敌人的攻击，所有村民都会赶着牲口进入城堡，待在这里，所以，城堡必须储备大量食物。

　　上图是法国皮埃尔城堡的图片。注意看，下层城墙上很少有窗户。皮埃尔城堡一度倾颓，大约五十年前才被修复。

卡尔卡松城堡

爱丁堡城堡

新天鹅堡

这里还有几座著名的城堡，
它们分别是德国的新天鹅堡、
法国的卡尔卡松城堡和英国的爱丁堡城堡，
找找它们的区别，
举办一个"你最喜爱的城堡"大赛
并选出冠军吧！

第73章

高耸入云的建筑

Pointing toward heaven

我想再给你讲一种建筑，它得名于那些从未建造过像样的建筑的人。他们只盖过棚屋。但是，以这些人为名的房子，却有着世界上最伟大的建筑风格。

这看起来很奇怪，不是吗？

只会建造棚屋的这些人就是哥特人。跟哥特人毫无关系的漂亮建筑叫作**哥特式建筑。如果哥特人跟它一点关系也没有，那为什么又叫哥特式建筑呢？**

原因很奇怪。我们现在觉得哥特式建筑很神奇、很漂亮。但是，说来可能奇怪，很久以前，有些人很看不起这些漂亮的房子。他们觉得，只要不是希腊或罗马风格的建筑，那都是不好的。他们觉得哥特式建筑粗糙、粗野，很不文明。在他们眼中，最粗鲁、最野蛮、最不文明的人，就是征服了罗马的哥特人。他们把这种漂亮的建筑称为哥特式，不只是表示他们觉得这种建筑是多么粗野，还因为他们觉得哥特人是始作俑者。这就像大多数恶名，很难摆脱。

索尔兹伯里大教堂的拱顶

　　哥特式建筑产生于罗马式建筑。建造者一直想在教堂中殿上面建造石头天花板，因为石头比木头防火。最初，石头天花板是一个桶形穹窿，形状如同一只桶的侧面。建造桶形穹窿需要大量木制拱鹰架，因为拱顶很长，每一部分都必须由拱鹰架支撑，直到所有石头就位。由于需要这么多木制拱鹰架，所以，当有人找到方法，用很少的拱鹰架来建造拱顶，就是一个了不起的发现。这一方法是横跨拱顶中央，建造两个拱门状或箍状的弯曲肋拱。先把这两个肋拱建好了，就可以一点点地建造拱顶的剩余部分。

　　然后，又有了另一个发现。**尖拱有时比圆拱更好**。这真的不是一个新发现，因为小亚细亚的人早就在使用尖拱了。从圣地东征归来的十字军骑士把这一方法带到了欧洲。你可能觉得，建造尖拱而不是圆拱，这么小的事情哪有这么重要。但**它的确很重要**。

　　原因在于，圆拱的高度必须跟宽度一致。需要覆盖的空间愈宽，圆拱就愈高。但是，尖拱则不同。你可以随心所欲地建造高低不一的尖拱，不管需要覆盖的空间有多宽。你可以把自己的手指并拢，做几个拱形手势来证明这一原理。若是你的两个手掌间的距离保持不变，那你只能用手指做一个圆拱。但你可以双手保持不动，弯曲手指做出几个不同大小的尖拱。

　　石头大教堂的建造者发现，比起使用圆拱，在宽阔的中殿或侧廊上方建造有尖拱的拱顶更为容易。

　　当然，这些石头拱顶会往下挤压墙壁，也会朝两边挤压。所以，墙必须厚实，得有扶壁支撑。但是，建造者发现，使用肋拱而非普通的桶形穹窿时，大多数侧边推力都只作用于肋拱两端。他们还发现，如果在肋拱两端建造坚固的扶壁，墙的其他部分可以建得很薄。扶壁之间的墙最终变得多余，无需支撑屋顶，可以用玻璃替代。于是，这些墙就变成了石头扶壁之间的玻璃墙。

特隆赫姆大教堂内的彩色玻璃墙

巴黎圣母院的飞扶壁

不仅墙变得轻巧，扶壁也有所改变。你当然不能说这些扶壁学会了飞翔，但人们把它们称为**飞扶壁**。飞扶壁就像一根支柱那样靠着墙——就像一个人用一根棍子撑着墙。飞扶壁压着墙的上端，不让拱顶和屋顶的重量把墙推倒。

这三个发现——肋拱、扶壁之间的玻璃墙、飞扶壁——是需要记住的三个最重要的名称。正是有了这三个发现，才有了名为哥特式的这一神奇美丽的建筑，但请记住，**这跟哥特人一点关系也没有。**

哥特式建筑跟希腊和罗马式建筑大为不同。古希腊和古罗马的房子牢牢地建在地上，几乎所有重量直接往下挤压。哥特式大教堂却是各个方向挤压平衡的结果。哪里有侧边推力，哪里就会有一道扶壁来抵消这一推力。

在古希腊和古罗马的神庙中，大多数线条是纵向的，因为这些神庙是水平式建筑。**哥特式大教堂向上攀升，仿佛高耸入云。**它们的大多数线条，似乎可以把人从地面带上天空，建筑的每一部分都有助于产生这一效果。尖拱让你想到一个比喻：哥特式大教堂就像一首赞美诗，一直往上，去到神的那里。

巴黎圣母院

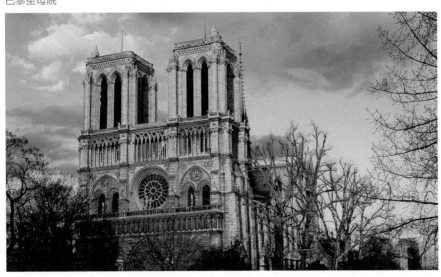

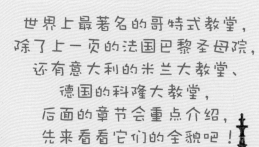

世界上最著名的哥特式教堂，
除了上一页的法国巴黎圣母院，
还有意大利的米兰大教堂、
德国的科隆大教堂，
后面的章节会重点介绍，
先来看看它们的全貌吧！

米兰大教堂

科隆大教堂

第 **74** 章

赞美玛利亚的建筑

In praise of Mary

　　大型建筑现在只要几个月就可建成，而大型的哥特式建筑却常常需要数百年才能建成。**科隆大教堂**是一座哥特式建筑，花了六百多年来建造。

　　最重要的哥特式建筑是大教堂。一说到"哥特式"，大多数人就想到法国，因为法国有世界上最精美的哥特式大教堂。

　　哥特式大教堂都是悉心建造的，村里和周围乡下的每一个人都会为大教堂出一份力。石头由行业协会的工匠打磨成形，安装就位。不合格的产品，行业协会不让过关。大教堂没有"冒牌货"。高高在上的屋顶石雕也做工精细，人们仿佛可以凑近审视。

　　或许正因如此，**哥特式大教堂才会被列为除古希腊建筑之外，世界上最精美的建筑典范**。希腊神庙的建造者和哥特式大教堂的建造者留下了不同类型的建筑，但他们的诚实劳作却无分别。

科隆大教堂

　　法国的哥特式大教堂大多数是赞美基督的母亲玛利亚的，法语也叫她圣母。圣母大教堂建了很多，我们通常用这些大教堂所在地的名字来简称它们，譬如沙特尔大教堂或兰斯大教堂。但是，如果有人只是说起圣母大教堂，通常指的就是**巴黎圣母院**。

　　巴黎圣母院的西端——祭坛对面那一端——有两座高塔。塔楼下方的中间是门道，一个通往中殿，其余通往左右侧廊。门道内是一排排的先知和圣人雕像，层层相叠。每个门道上方是一排大型的国王雕像。国王雕像上方则是一扇巨大的圆形窗户，叫作轮形扇窗或圆花窗。圆花窗镶满五颜六色的玻璃，在教堂内投下一道柔和的紫色光影。

巴黎圣母院的内景与圆花窗

巴黎圣母院的尖塔

巴黎这座大教堂平面呈拉丁十字架的形状。几乎所有哥特式教堂都是如此。十字架的四翼，称为大教堂十字形翼部。十字形翼部穿过中殿的地方叫作岔口。岔口上面建了一个又高又细的尖塔。你可以在左边的图片中看到这个尖塔，就在两座塔楼之间。

巴黎圣母院的正面

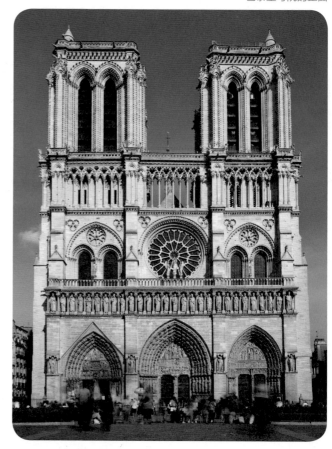

一座建筑的前面，就像图中的巴黎圣母院，叫作正面，意思就相当于脸面。巴黎圣母院的正面，据说在所有的哥特式大教堂之中最为精美。实际上，法国每一座了不起的大教堂，某一部分都堪称世上最佳。要是把每一座大教堂的最佳部分放在一起，建造一座最好的大教堂，那将是一座什么样的建筑！但毕竟，这样的建筑或许没有一座座单独的大教堂那么有趣，有一句话叫作过犹不及。

巴黎圣母院的两个方顶塔楼上面本来要建尖塔。但是，等到大教堂准备好建造尖塔时，很多年过去了，最终尖塔没有建造完成。有的大教堂只建了一个塔楼，另一个从未完工。有一座很精美的大教堂，尖塔建于不同时期，形状各异。这就是著名的**沙特尔大教堂**。

沙特尔是一个小城，距离巴黎大约六十英里。沙特尔大教堂不单因为两座尖塔而闻名，也因为**墙上美妙的彩色玻璃窗**而闻名。你还记不记得我告诉过你，哥特式教堂有玻璃墙。这种玻璃墙五颜六色，表现的都是《圣经》里的场景。阳光透过彩色玻璃照射进来，在教堂内产生了美妙的光影效果。不过，我要给你看的不是沙特尔大教堂的玻璃窗，而是巴黎圣礼拜堂的内景图（见下页），你可以看到墙上的玻璃占了多大的空间。你也可以看到，比起整堵墙的玻璃，石头部分只不过是一个框架，玻璃镶在石头窗框内，一块块玻璃由一根根铅条固定。镶嵌玻璃的石头窗框叫作花式窗格。

沙特尔大教堂

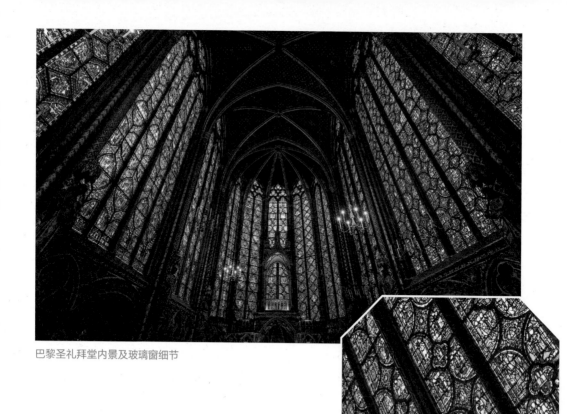

巴黎圣礼拜堂内景及玻璃窗细节

　　新的哥特式大教堂陆续建成，花式窗格也有不同形状。通常可以从花式窗格的形状辨别大教堂建造的年代。

　　兰斯大教堂有着最好的入口或门道，它也因为比例匀称或整个建筑的形状而闻名。遍布大教堂的很多石雕也很著名。不幸的是，第一次世界大战期间，由于这座美丽的大教堂位于交战区内，击中教堂的德国炮弹对其造成了很大损毁。战后，人们竭尽全力地进行修复，兰斯大教堂也基本恢复了原貌。

　　幸运的是，这座大教堂还可以修复，过去很多美丽的建筑却毁于战火，或者严重损毁，无法修复。你还记得壮观的帕提侬神庙吗，某次战争期间，它被炸毁了。

兰斯大教堂

也有很多人觉得，最好的哥特式大教堂中殿是在亚眠大教堂。

好啦，我们来看看这些大教堂各自的最佳之处吧：

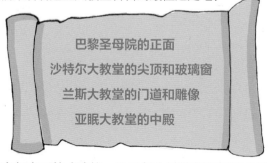

巴黎圣母院的正面

沙特尔大教堂的尖顶和玻璃窗

兰斯大教堂的门道和雕像

亚眠大教堂的中殿

法国北部有很多哥特式建筑，几乎每个城镇都有哥特式教堂或大教堂。大教堂是用来赞美上帝的，人人尽其所能为教堂增光添彩。中世纪的艺术瑰宝就汇聚在那里。绘画与彩色玻璃，雕刻与建筑，音乐与挂毯，祭坛上的珠宝与贵金属，都是这些了不起的建筑或在那里举行的宗教仪式的一部分。高耸入云的哥特风格如此适合教堂，即使今天，很多人依然觉得，**没有什么风格比哥特式更适合现代的教堂了。**

德国科隆大教堂准确的建造时间
是六百三十二年又两个月，
高度大概相当于三十层楼，
是不是很令人惊讶的数字？
它与法国巴黎圣母院、罗马圣彼得大教堂
并称欧洲三大宗教建筑。
除了巴黎圣母院，
其他两座教堂会在后面的章节出现！
有机会一定要去这些地方看看，
实地感受一下它们的壮观与华美！

亚眠大教堂中殿

第 **75** 章

乡村大教堂

你有没有留意到，上一章的图片中，所有的大教堂似乎都在城市？几乎所有的法国哥特式大教堂都在城镇。它们周围很少有开阔的地方，住房和商店紧紧挨着它们，你常常很难看清楚一座法国大教堂的外观。

英国的哥特式大教堂恰好相反。它们通常建在乡村，大多数英国大教堂的周围都有大量开阔地——草坪和树木，而不是商店和拥挤的街道。它们矗立在美丽的环境中，这让建筑本身看起来更为美丽。

那么，你可能会问，为什么法国的大教堂都在城市里，而英国的大教堂却都在乡村？

因为法国的大教堂是城里人建造的，它们比现在的教堂使用频率更高。法国的大教堂既是祷告和敬拜的地方，也是学校、剧场和公众聚会场所。它们是很多活动的中心，因为它们在城里人的生活中占据了一个非常重要的位置。

杜伦大教堂

111

但在英国，大教堂通常是僧侣们建来自己使用的。村民有自己可以敬拜的教区教堂。当然，普通人也可以在大教堂敬拜，但大教堂主要还是建给僧侣的。由于修道院是一个让僧侣们远离尘世的地方，故而修道院更多的是建在远离城市的乡村。当然，修道院或寺院的教堂也建在乡村。

这就是英国哥特式和法国哥特式教堂的一大区别，**一个在乡村，另一个在城市**。

还有一个区别。

英国大教堂比法国大教堂更长。**一座英国大教堂看起来又长又窄，一座法国大教堂看起来又短又宽**。英国大教堂的东端，也就是僧侣敬拜的地方，必须建造得更长，因为需要容纳很多僧侣。法国大教堂有很多前来聆听神父布道的信众，需要一个更宽更短的空间，好让所有人都能听到神父布道。每个国家都依照大教堂的功用来构筑大教堂。

还有一个区别。

大多数法国大教堂的西端都有门通往中殿和侧廊，而大多数英国大教堂除了一端有门，还有带小门廊的侧门，可以遮挡风雨。

另外，还有一个区别。

大多数法国哥特式大教堂西端的入口上方都有两个塔楼，而很多英国哥特式大教堂的主塔却在十字形翼部和中殿交叉的岔口上方，西端有时候则根本没有塔楼。

所以，你可以再一次很容易地看出来，**同样一种建筑在不同的国家有着不同的风貌**。难怪英国人会觉得英国的哥特式建筑是最好的，也难怪法国人更喜欢法国的哥特式建筑。

哥特式大教堂还有一点很重要，需要记住，那就是**很少有大教堂是一次建成的**。很多时候，大教堂作为罗马式建筑开工，多年后完工，却成了哥特式建筑。伟大的杜伦大教堂建于英格兰，既是抵抗苏格兰人的堡垒，也是一座教堂，它的中殿是诺曼式的，塔楼却是哥特式的。

杜伦大教堂内部

　　比起其他大教堂，杜伦大教堂的外部较为朴素，少有装饰，正因如此，它看起来很结实，非常庄严。

　　随着时间的流逝，哥特风格在英国发生了变化。根据四个不同的时期来划分，英国的哥特式建筑其实有四种风格。有时候，一座大教堂花了很长的时间来建造，四个时期的建筑风格都集中在一座建筑上面。

113

十三世纪，英国的教堂都建成**早期的英国哥特风格**。有着英国最高的尖塔的索尔兹伯里大教堂，就属于这种早期的风格。

十四世纪，则是**装饰性哥特风格**。林肯大教堂的中殿和东端就属于这种装饰性风格。

林肯大教堂

索尔兹伯里大教堂

英国有许多著名的教堂，
除了文中提到的，
还有圣保罗大教堂、
约克大教堂等。
每座教堂背后都有许多故事，
了解了这些建筑，
也就了解了某段历史、
某个国家，
你觉得呢？

亨利七世礼拜堂

坎特伯雷大教堂

十五世纪，则是**垂直的哥特风格**。垂直的意思就是直上直下。坎特伯雷大教堂的塔楼就属于垂直的哥特风格。

最后则是都铎王朝风格。威斯敏斯特教堂著名的亨利七世礼拜堂就属于都铎风格。

比起大多数英国建筑，威斯敏斯特教堂更像法国大教堂，部分原因可能是因为它在伦敦城内。它因埋葬了很多英国伟人而著名。

威尔士大教堂

如果你有一本剪贴簿，你可以给它找一找另外两座著名的大教堂的图片。一座是**彼得伯勒大教堂**，正门的上面有一排排巨大的尖拱，跟屋顶一样高。另一座是**威尔士大教堂**，岔口上方有一个著名的塔楼，我敢肯定你会喜欢。如果你没有剪贴簿，为什么不弄一本？你会发现给剪贴簿找一些你想贴在里面的图片是一件很有趣的事。你可以玩个游戏，看看需要多长时间才能给你的剪贴簿找到八座不同的英国大教堂的图片。你可以在杂志和火车、轮船的日程表里找到这些图片。有一天，当你到了英国，你看到的每一座大教堂都会像个老朋友。

彼得伯勒大教堂

第 76 章

欧陆各地

Here and there

　　我认识一个人，他用了一个夏天骑自行车在欧洲旅行观光。他是一位年轻的美国建筑师，想尽可能多看一些著名的哥特式建筑，同时也想锻炼身体。他骑自行车走了一千一百英里。但是夏天快结束时，他发现自己没时间去看有些很想看的建筑了，主要是因为它们都在欧洲的不同地方。于是他卖掉自行车，坐飞机去了这些地方。比起骑三个月的自行车，坐飞机可以让他在几天之内走得更远。

　　他先飞到德国科隆。科隆听起来像是一款香水，但它其实是一座大城市，因宏伟的哥特式大教堂而闻名。**科隆大教堂是欧洲北部最大的哥特式大教堂**，尖塔有五百英尺高——相当于三十层楼的房子那么高。

　　科隆大教堂于一二四八年动工兴建，花了很长时间建成。六百多年后的一八八〇年，它才完工。但是这已经比很多大教堂都好了，因为它们根本没完工，也不会完工。

科隆大教堂很狭长，很多人觉得它不像法国的大教堂那么美丽。它的一对带尖顶的西塔，底部体积庞大，让这座建筑的其他部分显得很小。建筑的这一部分跟另一部分的比例不是很协调，这就意味着大教堂整体看起来比例失调，尽管它的每一部分可能都建造得美轮美奂。年轻的建筑师当然知道这些缺陷，但是，满怀敬畏地望着让这座建筑闻名于世的几千个石雕以及尖塔、塔楼和飞扶壁，他会忘掉大教堂的美中不足。它宏伟壮丽，令人难忘。

科隆大教堂（仰视）

科隆大教堂

　　我的这位朋友从科隆飞到比利时的安特卫普。他去看了比利时最著名的教堂——**安特卫普大教堂**。这座大教堂在西边的正面留了位置来建造两个塔楼，结果只有一个塔楼。另一个从未建造，它所应在的位置那里，现在只是一个小尖塔。

　　这个唯一的塔楼高高耸立，顶端变得细长，就像尖塔。上面有很多石雕，让它看起来就像石头做的花边。塔楼很优美，但是花边状的外观似乎有些过于奇特。或许，只有一个塔楼的安特卫普大教堂看起来真的更好看。两个塔楼可能会让建筑显得全是塔楼，就像科隆大教堂。

安特卫普大教堂及其局部

　　这个塔楼只是比利时很多美丽的塔楼之一。大多数塔楼根本没有建在教堂上，而是独自耸立。人们常常把它们叫作**"唱歌的塔楼"**，因为塔里的大钟可以敲出优美的音乐。"唱歌的塔楼"通常美观又实用，钟声把人们召集到一起，在紧急时刻发出警报，在胜利之时宣布好消息。比利时人因为这些美丽的哥特式塔楼而自豪。

　　除了"唱歌的塔楼"，比利时还有很多不是教堂的哥特式建筑。哥特式建筑很适合教堂，因为它高耸入云。最美丽的哥特式建筑都是教堂，但比利时很多其他的哥特式建筑也很美。自然啦，这些建筑都不会建成十字架的形状，有的像教堂一样有塔楼和尖顶，有的没有；有的是城镇用来办理公务的市政厅，有的是会所或同业公会所在地。各行各业都有自己的公会或工匠组织，公会类别包括石匠、金匠、船长、商人、屠夫、面包师和烛台匠公会等。当然，每个公会都想有一个自己的会所。比利时的有些公会大楼就是很漂亮的哥特式建筑。

　　很多哥特式市政厅和会馆都有斜屋顶和一排排天窗。你知道吗，天窗就是伸出斜屋顶的窗户。伊普尔的布料会馆，是比利时最著名的一座中世纪建筑。但我的朋友去比利时太迟了，它毁于第一次世界大战。

　　"从比利时，"年轻的建筑师告诉我，"我坐飞机去了西班牙。我想看看世界上最大的哥特式大教堂。它在一个名叫布尔戈斯的西班牙小镇。两个有高高的尖塔的塔楼，有点让我想起科隆的塔楼。中间有一个巨大的八面塔楼，尽头还有两个尖塔。布尔戈斯大教堂周围都是回廊、小教堂和主教府邸。"

　　布尔戈斯在西班牙北部，比起西班牙南部的教堂，**布尔戈斯大教堂**更像法国和德国的大教堂。来自阿拉伯的摩尔人曾经长期统治西班牙南部，那里的哥特式大教堂受到摩尔人建筑的很多影响。在另外一章，我要给你讲讲摩尔人的这些建筑。

　　现在，让我们飞越比利牛斯山，飞越法国，飞越阿尔卑斯山，到意大利去吧。我的朋友知道自己想在那里看什么——威尼斯的哥特式建筑。

121

前面好几个章节
都介绍了哥特式教堂，
它们都有
又高又锐利的尖顶，
你有没有想过，
为什么人们
要把教堂造成这样？
尖顶是起什么作用的呢？

布尔戈斯大教堂

　　威尼斯的圣马可广场上矗立着有五个圆屋顶的圣马可教堂等拜占庭式建筑。圣马可教堂旁边，是一幢四层楼高的狭长建筑。这就是**威尼斯总督府**。总督就是从前威尼斯的公爵和统治者。总督府是哥特式的（注意看那些尖拱），但是它跟其他哥特建筑大为不同。它的下面两层，有着由柱子支撑的一长列尖拱。**这类尖拱，你记住啦，就叫拱廊**。这些拱廊在总督府四周形成了一道有遮蔽作用的门廊。

威尼斯总督府

　　总督府上部的厅堂，有饰以粉红和白色大理石图案的墙面。墙面很平常，把更为精美的下半部分（拱廊）衬托得特别好看，就像一辆旧车把一辆新车衬托得更新。如果总督府都像上面那一部分，房子就会过于平淡。这样一幢美丽的建筑，当然给美丽的圣马可广场添彩不少。

　　威尼斯还有其他较小的哥特式宫殿和房屋。你得坐船去看，因为它们大多数在运河边上。一艘船可以把你直接载到河边通往大门的阶梯旁，我的建筑师朋友就是这么做的。他坐上一艘名为**贡多拉**的小船，在乘船回纽约之前的三天内看了他能看到的所有东西。横渡大西洋的返程途中，他把自己拍的照片贴在一本相簿里。让他高兴的是，因为坐飞机旅行，他才可以拍下这些照片——

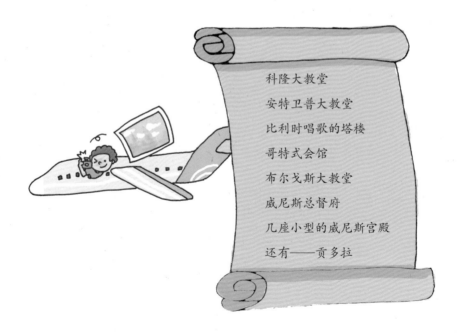

　　科隆大教堂

　　安特卫普大教堂

　　比利时唱歌的塔楼

　　哥特式会馆

　　布尔戈斯大教堂

　　威尼斯总督府

　　几座小型的威尼斯宫殿

　　还有——贡多拉

第77章

芝麻开门

Open sesame

阿里巴巴来到四十大盗的山洞。岩石上的门是关着的。"芝麻开门。"阿里巴巴说,门打开了。

阿里巴巴是穆斯林,水手辛巴达也是穆斯林,阿吉布王子和《一千零一夜》中那些令人着迷的人物也是。

"芝麻开门。"那我们就来看看,这句魔咒能不能把这一章的门打开,让我们看到伊斯兰建筑中的珍宝。

穆斯林信奉一本名为《古兰经》的书,对他们来说,这本书就像基督徒的《圣经》。不过,《古兰经》禁止穆斯林崇拜偶像,也就是任何有生命之物的图像之类。所以,你很容易就能猜到,穆斯林的神庙——又叫清真寺——跟一座有几百个人像和动植物雕像的哥特式大教堂大为不同。

　　如果你到了伊斯坦布尔或任何一个伊斯兰城市，或许你会立刻注意到另一个不同，就是很多圆圆的屋顶。这些圆屋顶通常不是正圆的，而是像半个鸡蛋或一个洋葱那样呈椭圆形，它们的顶端常常是尖的，就像粗大的芜菁或甜菜头那样。但是，清真寺都没圆屋顶，因为伊斯兰建筑的圆屋顶表示那是坟墓，只有这座建筑是某人的坟墓，人们才会建一个圆屋顶。

　　走近一幢伊斯兰建筑，你会留意到，建造者肯定都是很好的石头雕工或大理石雕工，即使他们的宗教不准他们雕刻活物。他们雕刻的都是精美的直线和曲线，方块和圆圈，钻石状、星状、锯齿形以及纵横交错的图案。有的雕刻如此精美，形成网状，看起来就像是石头花边。

　　房子里面的雕刻和装饰比外面更丰富。这些图案称为**阿拉伯花饰**，因为最初的穆斯林都是阿拉伯人，他们建造了很多这样装饰的清真寺。有时候，阿拉伯花饰是《古兰经》中的经文。阿拉伯文字很优雅，可以当作美丽的装饰。

圣索菲亚大教堂内景

在伊斯兰建筑里面，我们还可以发现另外一种装饰，这是其他建筑没有的。圆屋顶下面的拱顶（房间的天花板）常有一种奇妙的雕刻，看起来就像数百个石头小冰柱悬在屋顶。

每一个伊斯兰村庄至少有一座宣礼塔。每天五次，宣礼者爬上这座塔，召唤信众祷告。有的清真寺，每一个角都有一座宣礼塔。

"来祷告吧，来祷告吧。除了阿拉没别的神，穆罕默德是他派来的先知。"宣礼者唱道。于是所有虔诚的穆斯林面朝圣城麦加所在的方向，跪下来祷告。圣城麦加就是穆罕默德生长的地方。每一座伊斯兰教的清真寺，墙上都有一个最靠近麦加的壁龛或空位，这个壁龛就像教堂或神庙中的祭坛。

早期的穆斯林并非只是劝说他人成为穆斯林，他们让人信教的方式是对他们讲："做穆斯林吧，不然我们会杀了你。"所以，伊斯兰教从发源地阿拉伯半岛很快传播开来，因为阿拉伯人是了不起的征服者。它一路向东传播，传到波斯和印度。巴格达成为东方伊斯兰世界的首都。向西，阿拉伯人推进到了埃及，跨越北非直到直布罗陀海峡。但海峡并不能阻止他们，他们造船渡海到了西班牙。他们从西班牙一直到了法国。要是法国人没在图尔城的战役中阻止阿拉伯人，整个欧洲可能都会信奉伊斯兰教。

但是，西班牙大部分地区信奉了伊斯兰教。西班牙的阿拉伯人叫作摩尔人。摩尔人在科尔多瓦建立了西方伊斯兰世界的首都，就像巴格达成为东方伊斯兰世界的首都，也像罗马帝国曾有东方和西方两个首都——罗马和君士坦丁堡。摩尔人在西班牙统治了七百多年，直到大约哥伦布所处的时代，他们才最终被赶了出去。

在科尔多瓦，摩尔人建造了大型清真寺，它们今天依然矗立。你还记得穆斯林怎样把君士坦丁堡的圣索菲亚大教堂变成清真寺的吧。不过，科尔多瓦恰好相反。因为摩尔人最终被赶出了西班牙，基督徒把清真寺变成了教堂，它们至今仍是教堂。

阿尔罕布拉宫

西班牙最著名的伊斯兰建筑是**阿尔罕布拉宫**，由西班牙格拉纳达的摩尔人国王建造，是一座堡垒式宫殿。阿尔罕布拉宫位于一座高高的岩石山上，悬崖有助于阻挡敌人。它的房屋包括卫兵室和大厅、花园和庭院，全都饰以成千上万的阿拉伯花饰。你可能听说过阿尔罕布拉宫的**狮子庭院**。它有点像一条回廊，因为四面都是拱廊。庭院中央是一个很大的大理石喷泉，靠在十二只狮子的背上。

现在，我敢肯定你要问一个很尴尬的问题。尴尬是因为我无法回答。

"如果不准雕刻活物，那摩尔人怎么可以有大理石狮子呢？"

我不知道。也许狮子是个例外，有利于统治。也许狮子是基督徒雕刻的，被摩尔人俘获，带到阿尔罕布拉宫。也许……但谁知道呢？下面就是狮子庭院的图片，你有没有看到那些阿拉伯花饰？

阿尔罕布拉宫的狮子庭院

狮子庭院的雕刻

　　摩尔人在西班牙建造的另一座著名建筑，叫作**吉拉达塔**。吉拉达意为风向标。风向标自然是在塔顶，它是信仰的标志，随风转动。塔的最上面三层，是基督教文艺复兴时期的建筑风格，因为基督徒把摩尔人赶出西班牙后，常常会添加一些东西，把伊斯兰建筑改作他用。

吉拉达塔

现在，我要带你从西方的西班牙去东方的印度。在印度的阿格拉，有一位穆斯林统治者，为了纪念妻子，建造了一所房子。一旦知道这是一所什么样的房子，你可能会吃惊。**这是一座陵墓！而且，建造这座陵墓时，他的妻子还活着。**

我们听了会很奇怪，但那是当地的风俗。就此而言，这是合情合理的风俗，因为统治者和他的妻子把陵墓当作一种娱乐场所，在那里接待客人和举行派对。统治者去世后，就可以葬在那里。

这座陵墓名叫**泰姬陵**。因为是陵墓，它的上面有一个圆屋顶。很多见过它的旅行者，都把它称为**世界上最美丽的建筑**，他们甚至把它列在帕提侬神庙之前。泰姬陵是用大理石建造的，在阳光下面，它像一块白色宝石那样闪烁。陵墓周围都是花园、树木、草坪和喷泉，正面是一个长方形的水池，倒映着树木和泰姬陵。

我们就用泰姬陵来结束关于伊斯兰建筑的故事吧，就像阿里巴巴那样说一声"芝麻关门"来结束这一章吧。

泰姬陵

第78章

麻烦的圆屋顶

Dome trouble

从前，意大利的佛罗伦萨建了一座大教堂。除了上面的大圆顶，大教堂几乎完工了。突然有一天，工人们不得不停工，留下尚未建好的大教堂。原来，建筑师去世了，只有他知道怎样给这座大教堂建一个大圆顶，于是大教堂很长一段时间内都没完工。建筑师没有留下设计图或方案来指导建造者，他也没告诉谁他觉得这个圆屋顶该如何建造。一百多年来，佛罗伦萨这座大教堂就立在那儿，圆屋顶所在的岔口留着一个大窟窿。终于，人们决定举行一场比赛，看看能不能找到可以建造圆屋顶的人，让大教堂完工。

比赛收到很多设计方案。一个人说，他相信自己可以建造大圆顶，但他必须有一个大柱子放在拱鹰架下面做支撑。另一个人说，他也可以，但他必须借助一个大土堆。

这个人说："如果我们把金币和泥土混在一起，把这一大堆泥土堆在圆屋顶所在的地方，那我们就可以在这堆泥土周围建造圆屋顶。圆屋顶建好之后，再请大家来翻开泥土寻找金币。这样，所有的泥土都会被搬走，圆屋顶就会立在那儿了。"

这就像在生日蛋糕里寻找顶针和戒指。

赢得比赛来建造圆屋顶的这个人名叫**布鲁内列斯基**。他在罗马研究过古罗马建筑。他是一位雕塑家，也是一位出色的建筑师。布鲁内列斯基说，他不仅可以建造圆屋顶，而且可以不用耗费木料的拱鹰架。尽管布鲁内列斯基很自信，工程负责人却不敢肯定他可以做到他所说的。于是，他们又请了雕塑家**吉贝尔蒂**来做建筑师。

吉贝尔蒂也是一位出色的雕塑家（他的《天国之门》就是证明），但他真的不知道怎样建造圆屋顶，所以他啥也不做。虽然在这项工作中，他的报酬跟布鲁内列斯基是一样的，后者却做了所有的设计。布鲁内列斯基当然一点也不开心，于是他卧床装病。工人们只得停工，因为吉贝尔蒂不知道接下来要告诉他们做什么。只要布鲁内列斯基卧病在床，工程就得暂停。

尽管如此，吉贝尔蒂仍没有被炒鱿鱼，布鲁内列斯基只好用另一种方法来摆脱他。他告诉工程负责人，他觉得两位建筑师最好分工。

布鲁内列斯基说："有两件麻烦的事情得做，一个是石匠站的架子，一个是把圆屋顶的八面连在一起的链子。让吉贝尔蒂选一样吧，我来做另一样，别再浪费时间了。"

这个方法奏效了。吉贝尔蒂选了链子，但他做不了。他很快被炒了，布鲁内列斯基终于可以一个人继续工作了。

布鲁内列斯基成功地建好了圆屋顶。它跟罗马万神殿的圆屋顶不一样，跟圣索菲亚大教堂的圆屋顶也不一样。这个圆屋顶是砖砌的，从顶端往下有一条条石肋拱。这些肋拱把圆屋顶分为八个部分或八面，所以，它不像大多数圆屋顶那样圆和光滑。还有，这个圆屋顶的顶端有一个小塔，人们把它叫作灯塔，尽管塔里并没有灯。

圆顶大教堂

佛罗伦萨天际线

在本系列中，
不管是绘画部分、雕塑部分，
还是你现在在看的建筑部分，
佛罗伦萨都是一个反复出现的地名。
它确实是个举世闻名的艺术中心、旅游胜地，
在这里，你不仅能欣赏到拉斐尔、
提香、达·芬奇的作品，
还能看到大卫像，参观维琪奥王宫。
一定要把佛罗伦萨列入必去旅游地的清单！

　　布鲁内列斯基是怎样不用拱鹰架却建成了圆屋顶的，这是一个谜。但他的确建好了圆屋顶——而且建得很好。今天，它依然耸立在佛罗伦萨上空，不论远近都能看到，堪称**世界上最伟大的圆屋顶之一**。这座大教堂也因此得名**圆顶大教堂**。如果到了佛罗伦萨，你会在圆顶大教堂附近看到一尊布鲁内列斯基的雕像。他坐在那里，望着圆顶大教堂，膝盖上是设计图。

　　除了圆顶大教堂，还有一个我给你讲布鲁内列斯基的原因：**他是文艺复兴式建筑的第一位建筑师。**

布鲁内列斯基雕像

文艺复兴就是对生活中的很多东西重新产生兴趣——写作、绘画、雕塑和建筑，尤其对古希腊人、古罗马人留下来的一切东西重新产生兴趣。我给你讲过，布鲁内列斯基研究过古罗马废墟。他测量，画图，尽可能了解这些废墟。所以，布鲁内列斯基设计建筑的时候，把研究古罗马废墟时自己欣赏过的各种柱子、装饰、拱顶和设计用在其中。我当然不是说他照搬古罗马建筑，他只是借用这些作为依据。布鲁内列斯基之后的很多意大利建筑师也是这么做的。

意大利人不是太喜欢哥特式建筑。对于有玻璃墙的教堂来说，意大利的阳光太强烈了。意大利人喜欢他们的房子里面昏暗阴凉，而不是充满阳光，即使阳光是透过哥特式大教堂奇妙的彩色玻璃窗照射进来的。

新生的文艺复兴式建筑很多地方都很出色，但有些地方不是太好。哥特式建筑的每一部分总是有其特别功用：扶壁用来支撑墙壁；扶壁上方的雕饰给扶壁增添重量，让扶壁的支撑更为牢固；彩色玻璃窗和雕像可以给不识字的信众讲述《圣经》故事。哥特式建筑几乎没有不实在或不实用的地方。

然而，文艺复兴式建筑并非总是这么实在，它们常常只为好看而设计。柱子和壁柱只为装饰而建，而非真的作为柱子来支撑任何东西。一个摆设看起来就应该像一个摆设，而不应该像本应努力负重的柱子。

有时候，文艺复兴时期的建筑师会给一幢哥特式建筑加上文艺复兴式的装饰，让它看起来像文艺复兴式建筑。

不过，也有很多文艺复兴式建筑非常实在。**当时最好的艺术家都成了建筑师。**新的哥特式大教堂不再兴建。的确，教堂已经够多了，所以大多数文艺复兴式建筑是宫殿、政府大楼或图书馆。

第 79 章

过去和未来

Backward and forward

一四九二年，哥伦布发现美洲。每个人都知道这个年份，所以你很容易记住文艺复兴式建筑是何时在意大利兴起的。它跟一四九二年一样，都在十五世纪。**十五世纪一些早期的文艺复兴式建筑是所有文艺复兴式建筑里最好的。**下页是佛罗伦萨里卡尔迪宫的图片。它看起来更像一个堡垒，不像一所宫殿。它的外观的确如此，像个堡垒。

当时战乱频繁，佛罗伦萨这些宫殿必须建得像个堡垒。注意看下面窗户的铁栏杆。再注意看下面楼层粗糙的大石头，这种石头叫作**粗面石**。石头在接缝处稍微凸起，这让房子看起来更坚固。

房子顶部有一道顺着墙伸出来的壁架，这种壁架叫作**飞檐**。飞檐让房子看起来不那么像个平平淡淡的盒子。飞檐装饰屋顶，就像柱头装饰柱子的顶端。窗户顶部都是圆拱，而非哥特式尖拱。

里卡尔迪宫

这座房子里面比外面更像一所宫殿。房子里面的中央部分，有一个阳台环绕的露天庭院，还有一个大宴会厅、一个图书馆和其他装饰精美的房间。这座文艺复兴式建筑名为**里卡尔迪宫**，因为是里卡尔迪家族从建造和最初住在这里的美第奇家族手里买下了这座宫殿。现在，**我们来看看哥特式建筑和文艺复兴式建筑最大的不同**。哥特式建筑的大多数线条都是**直上直下**的，人的视线从地面一直升到建筑顶端。文艺复兴式建筑的大多数线条却是**水平式**的。在里卡尔迪宫，你的眼睛注意到的是石头组成的横线，排列成直线的窗户，窗户下面横向的壁架，还有又长又直的飞檐。

布鲁内列斯基之后出现了几位著名的文艺复兴建筑师。其中一位名叫**布拉曼特**，他为建给罗马教皇的一座雄伟大教堂设计了方案。这也许将是**世界上最大的教堂**，名为圣彼得大教堂。但是，布拉曼特在大部分工程完工前就去世了，其他几位建筑师继续建造这座教堂。最终，伟大的**米开朗琪罗**接受了这项工作，他是最伟大的文艺复兴雕塑家，了不起的画家、诗人和杰出的建筑师。那时米开朗琪罗已是一位老人，但他把圣彼得大教堂的工程一路推进，它几乎在他去世之时完工。米开朗琪罗的方案是把教堂建成希腊十字架的形状，并在中间建造一个壮观的圆屋顶。

米开朗琪罗把圣彼得大教堂的一切都造得巨大，大教堂看上去却没本身那么大。我知道，这听起来很滑稽。**你可能觉得一个东西愈大，它看上去就会愈大。但并非总是如此。**这取决于一种叫作**比例**的东西。如果你给一棵树拍照，从照片上面不会看出树有多大，除非树的旁边有一个人、一只狗或一所房子这类东西，让你可以参照。（地图也是这样，你没法说出一个镇是在三十英里还是三百英里之外，除非有比例尺。）

圣彼得大教堂的窗户大约有四个人那么高。但除非你看到一个人站在窗户旁，否则你的第一反应可能是觉得它们就一个人那么高，因为大多数窗户看起来大约就是一个人的高度。这就是圣彼得大教堂的一大问题，它的比例失衡。

米开朗琪罗去世很久之后，另一位建筑师给大教堂重新加了一个正面，这就切断了米开朗琪罗建造的漂亮圆顶的正面视线。这位建筑师还把正面延长，把教堂建成拉丁十字架的形状。再后来，另一位名叫**贝尔尼尼**的人给教堂正面加了两个柱廊，这些柱廊建在大教堂正面一个圆形大广场的两侧。

贝尔尼尼的柱廊很漂亮，但比起大教堂，它们更没有别的东西可以让我们判断它们的尺寸。它们缺乏正确比例，就像大教堂本身缺乏正确比例。仔细看图，你会看到广场上有些人，以此来衡量大教堂的尺寸，你会明白大教堂有多大。

现在看看圣彼得大教堂的全景图，右图和下图是大教堂和贝尔尼尼的柱廊。

圣彼得广场全景

圣彼得大教堂远景

哥特式柱子跟罗马式柱子从来都不太相似。但是，文艺复兴建筑师把罗马式柱顶用在新建筑的柱子上。有时候，他们甚至推倒罗马式建筑，把柱子用于文艺复兴式建筑。注意看，这些柱子也很像罗马式柱子。

意大利有很多著名的文艺复兴建筑师，他们留下了很多著名建筑，但我们得略过其中一些，给你讲讲一个名叫**帕拉弟奥**的人。帕拉弟奥因为一种特别的柱子而闻名，这种柱子从地面一直往上延伸，有两三层楼高。它叫作**帕拉弟奥式柱子**，因为帕拉弟奥就此写过一本书，意大利和其他国家的建筑师觉得很有用处。圣彼得大教堂的正面就有两层楼高的柱子。

文艺复兴式建筑从意大利传到其他国家，从此广为应用。所有的建筑风格都产生自较早的风格。文艺复兴式建筑因为回望古罗马而产生，但它的应用，恰好遇上世界期待更伟大的东西出现的时代。探险家、科学家和思想家正在展示通往现代的道路，尽管他们的一些想法来自对古代思想的研究。**他们回顾过往，同时向前迈进。**

圣彼得大教堂正面（局部）

第80章

英国式住宅

The homes of England

你有没有被关起来过？我认识一个男孩，被误关起来过。他没做坏事，也不是被关进了监狱。

这个男孩去一家大博物馆看画。他走过一个又一个画廊，直到走得脚疼疲惫。在一个房间他看到一张舒适的沙发，于是坐下来休息。这张沙发太舒服了，男孩很快睡着了。

他醒来时，一切都黑乎乎的。当然，他有点害怕。谁不害怕呢！他周围的埃及法老大石像都是黑黑的。他急忙走到门口。门是锁着的！

他叫喊着，拍门，但博物馆晚上关门了，没人听到他的叫喊。可怜的男孩无能为力，只能在那里过夜。第二天早上，门打开的时候，你可以想象，看到一个又惊又饿的男孩等着出去，保安有多么吃惊。

博物馆不是一个舒适的住处，哪怕只住一晚。这个被关起来的男孩发现了这一点。

你在本书读到的几乎所有建筑都不适合居住。

　　谁愿意住在帕提侬神庙、圣索菲亚大教堂、比萨斜塔或兰斯大教堂？即使文艺复兴时期的城堡和宫殿，若是没有一大帮仆人打理，住起来也不方便。

　　然而，从很久以前开始，人们就有房子居住。那为什么在关于建筑的故事里，这些房子没有显得更为重要呢？

　　原因之一，在于人们居住的房子通常不会建得像伟大的神庙或教堂那么耐久。这些房子常常是木头建的，渐渐腐朽。房子就像鞋子、船舶或衬衫那样会磨损。老房子被拆掉，给新房子让位。还有很多房子被烧毁。所以，跟希腊神庙一样古老的房子很罕见。

　　然而，**人们居住的房子，常常比著名的伟大建筑更让人感兴趣**。譬如，比起英国哥特式大教堂兴起之后建造的那些雄伟著名的公共建筑，我更喜欢英国的日常建筑。我相信你可能也会更喜欢它们。我就来给你讲讲吧。

都铎风格的皇家宫殿（西班牙）

英国的哥特式建筑一直在慢慢演变，晚期的哥特式建筑跟早期的哥特式建筑迥然不同。伊丽莎白女王即位时，英国的哥特式建筑已有很大改变，几乎不能再叫哥特式了，于是它有了一个特别的名称。这个时期的英国统治者属于都铎家族，这种建筑就叫都铎式建筑。**都铎式建筑介于哥特式和文艺复兴式建筑之间**，它出现在真正的哥特式建筑衰落之后和真正的文艺复兴式建筑传到英国之前。**都铎式建筑是所有的英国建筑中最有英国风味的。**

庄园式住宅取代了中世纪的城堡。都铎时期的一些庄园式老宅现在还在。它们有着伸出墙外的大凸窗，有时高达三层。都铎式窗户常为平顶，而非哥特式尖拱，但是，大多数窗户仍像哥特式那样有花式窗格。

这些窗户不像意大利里卡尔迪宫的窗户那样均匀地排成一列。只要哪个房间需要窗户，就会开个窗户。凡是需要壁炉的地方，也会砌个烟囱。不仅如此，它们从外面看起来也很美观。烟囱常常像柱子一样是圆形，而不是正方形，还有的像开瓶器那样呈扭曲状。

都铎式房屋是很实在的建筑。**它们是为舒适实用的居家目的而建，不是为了展示美丽的外观**。这是它们令人感到愉悦亲切的一大原因。它们是用附近能够找到的任何材料建造的，有时候是石头，有时候是砖，有时候木材和灰泥参半。它们跟周围的景物融为一体，仿佛天然生成。

这段文字，你或许得读两遍，因为其中有太多内部和外部之别。由于都铎式房屋是为居家而建，**它的内部比外部更为重要**。外部不像意大利文艺复兴式建筑那样能构成一幅美丽的图画，它的外部真的只是内部的外部。但是，文艺复兴式建筑是为外部效果而建，文艺复兴式建筑的内部只是外部的内部。你要是认真想一想，这真的是一个很大的不同。这些有没有把你弄糊涂？那就再读一遍吧，或许你能明白。

都铎式庄园房屋的一楼是个大厅，二楼常有一条跟房子一样长的走廊或过道。这个长廊连接二楼的各个房间，而且常常用来悬挂家族成员的肖像。

除了庄园式房屋，英国还保存了这一时期很多较小的房子。这些房子的一楼常常用砖石砌成，较高的楼层则用橡木作为框架，木材之间的空间用砖和灰泥砌成。黑色的木材和白色的灰泥对比鲜明。因为那些条纹，一个小女孩总是称它们为斑马房子，但它们的正确名称是**砖木结构的房子**。

砖木结构的房子

都铎式房屋（英国）

英国很多令人愉悦的老旧小客栈、小旅馆都是砖木结构的房子。从前的公共马车在此停靠，漫长的一日旅行之后，旅行者会觉得这些客栈温暖舒适。这些老客栈，有的名称古怪，譬如斗鸡，狐狸和猎犬，六口钟，海豚，羽毛，老鹰和小孩，等等。

有两所砖木结构的小房子非常有名，你肯定见过它们的照片。它们作为名人的故居而闻名。一所是**莎士比亚家族的房子**，威廉·莎士比亚在那里出生。另一所是莎士比亚的太太**安妮·海瑟薇的故居**。

实用，美观，舒适——你难道不喜欢英国的这些住宅？

第 **81** 章

有 "商标" 的建筑

Trade-marks

你听说过防火的建筑吧，但你有没有听说过防火的动物？有一种看起来很像蜥蜴的小动物名叫蝾螈，据说就是防火的动物。十六世纪的人们觉得，如果他们把一只蝾螈放进火中，它一点都不会在乎。火愈旺，它愈喜欢。人们也曾把防火的石棉布称为蝾螈皮。

十六世纪，法国有一位名叫弗朗西斯一世的国王，他的王徽就是一只蝾螈。弗朗西斯一世还用一个大写字母F作为王徽。蝾螈和字母F就像商标一样，弗朗西斯一世把它们刻在他在位时建造的很多建筑上面。他是一位有很多钱可以花的强大君主，他的乐趣就是把钱花在最好的画家、金匠、雕塑家和建筑师的作品上。给弗朗西斯一世工作的很多画家、雕塑家和金匠是意大利人，大多数建筑师则是法国人。

法国这些文艺复兴建筑师的建筑和意大利的文艺复兴式建筑有所不同。法国的文艺复兴式建筑大多数依然具有哥特式外形，线条依然像哥特风格那样从地面一直往上。

你还记得有些意大利文艺复兴式建筑的水平线条吗，这一区别是因为法国的文艺复兴式是**在哥特式的基础上一点一点地产生变化**，而在意大利，文艺复兴式并非一种缓慢的改变，而是**跟哥特式一刀两断**。

在意大利，很多文艺复兴式建筑是教堂。在法国，精美的哥特式教堂已有很多。因此，法国的文艺复兴式建筑多为宫殿和城堡。法语把城堡称为chateaux，说起法国的文艺复兴式建筑，我们也会使用这个法语词。

法国卢瓦尔河畔有很多这样的城堡，这条河的河谷因此得名"城堡之乡"。

有一座非常著名的城堡，依然矗立在城堡之乡的布卢瓦。**布卢瓦城堡**的一部分是在法国文艺复兴开始之前用哥特风格建造的，但有一整段是弗朗西斯一世以文艺复兴风格修建的。这一部分名为**"弗朗西斯一世之翼"**，一个开放式塔楼的外墙有一道著名的螺旋楼梯——就像一道防火梯。有楼梯的塔楼跟房子的其他部分一样，是用石头和大理石砌成的。楼梯上面刻满蝾螈和代表弗朗西斯一世的字母F。这些蝾螈都是王室蝾螈，每一只都顶着一个王冠。蝾螈四周都是小股火焰。你从图片中可以看到弗朗西斯一世的这些"商标"，建筑的其他部分也有。

弗朗西斯一世之翼（局部）

弗朗西斯一世之翼

注意看，房子依然是哥特式的，有哥特式的怪兽滴水嘴从楼梯和屋顶伸出。

如果你从布卢瓦城堡的楼梯往下走，另一个人同时往上走，你俩会在楼梯相遇。但在法国还有一种楼梯，往下走的人不会遇到同时往上走的人。这听起来很神秘，但真的是这样的。"不会相遇的楼梯"，位于大型的香波城堡的中央塔楼。

看到香波城堡，喜欢读骑士时代骑士和淑女故事的男孩或女孩，都会激动不已。这是一座巨大的城堡，一部分是防御工事，曾有一条壕沟或水渠护卫它。它有塔楼、斜屋顶、高烟囱和厚实的石墙。高耸入云的塔楼和烟囱，让它看起来更像哥特式而非文艺复兴式建筑。

"不会相遇的楼梯"在最高的塔楼里。之所以如此，是因为有两座楼梯呈螺旋状围绕着塔楼，一座建在另一座的上方。纽约的自由女神像里面，也像香波城堡一样，建有同样的铁梯。

香波城堡的螺旋楼梯

香波城堡空中俯视图

罗浮宫全景图

　　想要远离城市生活时，弗朗西斯一世就喜欢住在香波城堡。他也喜欢住在布卢瓦城堡。但他最喜欢的是枫丹白露的宫殿，它以美丽的花园、阳台、湖泊和富丽的内部装修而闻名。宫殿的外部不像香波城堡和布卢瓦城堡那样有趣，所以，我们还是赶紧讲讲弗朗西斯一世的另一座宫殿吧，这就是巴黎的**罗浮宫**。

　　"但是，罗浮宫不是美术馆吗？"你说。没错，它是现今世界上最大的美术馆，但它不是作为美术馆来建造的，而是法国国王建的宫殿。

　　罗浮宫太大了，其中一个画廊就有四分之一英里长，只是走一圈就要好几个小时。它当然不是一次建成的。弗朗西斯一世建了一部分，后来，其他的国王加盖了别的部分，**直到十九世纪末叶它才完工**。所以，要研究法国文艺复兴式建筑的整个历史，从最早期到最晚期的风格，罗浮宫是一个好地方。

　　罗浮宫如此之大，一张照片不足以概括其全貌。你只能在一张照片中看到它的一个部分，因为每个主要部分都不一样。**你真的得去巴黎好好看看。**

建造罗浮宫的两位最重要的建筑师是**皮埃尔·雷斯科**和**克劳德·佩罗**。雷斯科是弗朗西斯一世的御用建筑师，佩罗的工作比雷斯科晚了一个世纪。佩罗建造了著名的东面工程，那里有一长列成双成对的科林斯柱。奇怪的是，佩罗是国王的医生，根本不是建筑师，但他努力建好了罗浮宫的东面工程。

直到法国大革命以前，罗浮宫都是国王的宫殿。后来，国王被砍了头，罗浮宫成了国立美术馆，直到今天也是。

罗浮宫

凡尔赛宫

　　尽管弗朗西斯一世喜欢炫耀，在建筑上花了很多钱，但后来有一位法国国王比他更喜欢炫耀，且花了更多的钱来建造更加华丽的宫殿。这位国王就是路易十四，他的建筑师建造了宏伟的**凡尔赛宫**。后来的国王不断加盖凡尔赛宫，直到法国成为共和国。凡尔赛宫现由法国政府拥有和维护。精心设计的平面布局，让凡尔赛宫更为壮丽，建筑本身却很乏味，千篇一律，冗长规整。**凡尔赛宫最著名的部分是镜厅**，那是一个很大的房间，墙上都是镜子。镜厅也是结束第一次世界大战的和平协议的签署地。

凡尔赛宫的镜厅

本章介绍的都是位于法国的建筑，
你能用一个词来形容它们的特色吗？
以此猜想一下法国人的个性特点吧！

在凡尔赛，距离这座大王宫不远，还有一座小得多的建筑，名为**小特里阿侬宫**，由路易十五建造，是后来在法国大革命中被砍头的玛丽·安托瓦内特王后喜爱的居所。

法国大革命发生在十八世纪快要来临之际。在十七世纪，法国人建造了一些著名的建筑，其中就有**巴黎圆顶荣军院**，这是一座被法国人奉为神圣之地的建筑，因为拿破仑的墓就在那里。在荣军院，你可以看到拿破仑的徽章或"商标"——一个大写的N。

巴黎圆顶荣军院

法国巴黎的万神殿也有类似的圆顶，一圈细长的柱子环绕着圆顶底座。万神殿用作教堂，也是纪念巴黎守护神圣热内维夫的祭坛，里面有描绘圣热内维夫生平的著名镶嵌画。

法国，尤其巴黎，还有很多漂亮的建筑。我真希望都给你讲讲，但我相信这一章已有太多的法国名字让你忙着记住，如果你不复习就记不住所有这些名字。这样你就能明白，为什么我不再提玛德琳教堂、凯旋门、橘园美术馆、埃菲尔铁塔或巴黎歌剧院了。

什么？我已经提过了？好吧，不管怎样，我不会再多说了，就这样吧。

巴黎万神殿

第 **82** 章

打破陈规

Breaking rules

　　你有没有觉得总是表现好会很累？你有没有想把一个墨水瓶扔出教室窗外，或者老师问你一个算术题时，你想倒立？你有没有想在教堂高声吹口哨，只是因为一切都是那么安静庄严，所以你觉得自己不应该这样？

　　做一件这样的事，麻烦在于事后你常常希望自己没有做过。被惩罚不是太好玩。几乎每一次不想表现好之后，我都会体会到这个道理。

　　文艺复兴式建筑出现之后大约两百年，意大利的建筑师就是这样，他们似乎厌倦了表现好，不想再遵从关于美丽的文艺复兴式建筑的所有规则，这些规则**"束缚了他们的风格"**。在严谨的文艺复兴式建筑中，几乎建筑的每一部分都必须依照古罗马人的某一观念。新的建筑源自文艺复兴式建筑，但它想要打破常规。这种建筑叫作**巴洛克式建筑**。我没法确切告诉你"巴洛克"这个词的起源，但人们说，它来自葡萄牙语，指的是形状难看的珍珠。

希利尔讲建筑

给孩子的艺术启蒙课

安康圣母院

巴洛克式建筑受到惩罚，但不是打屁股，而是从此被人们视为坏榜样。这个惩罚真的过头了，因为有些巴洛克式建筑非常精美。最差的巴洛克式建筑很糟糕，它们打破了太多规则，就像学校里的一个霸王。但是，**最好的巴洛克式建筑一点也不差**。它们打破的规则刚好让建筑显得有趣——就像一个偶尔调皮的男孩子比一个乖孩子更有趣。

巴洛克风格的建筑通常经过精心设计，与所在的环境匹配，似乎跟周围的景色相得益彰。**它们的问题在于，它们显得太骄傲了，有太多装饰**，仿佛想要炫耀。这类建筑的里外都是古怪的柱子、雕像、涡卷装饰和奇特的大理石板，它们让你想起一个非常奇特的生日蛋糕，上面都是糖衣花饰。

这种巴洛克式建筑始于意大利，成为该国十七世纪的主要建筑。意大利有一座最美丽的巴洛克式建筑，那就是威尼斯大运河畔的一座教堂。这座教堂的建造有一个很特别的原因。一种可怕的瘟疫夺去了威尼斯大约三分之一的人的生命，六万人死于瘟疫。瘟疫随后消失了，幸存者们心怀感恩，他们建造了这座美丽的巴洛克式建筑，把它命名为**安康圣母院**。大家都用意大利语来说它的名字，所以你也得试试用意大利语来说：Santa Maria della Salute。

安康圣母院被建成希腊十字架的形状。它的中央有一个大圆顶，圣坛上方是一个小圆顶。圆顶的扶壁砌成一卷卷的丝带状。

注意看，雕像和这些涡卷是如何让教堂看起来拥挤不堪。也注意看，一直看到运河边的美丽台阶。隔水相望，这座教堂成了威尼斯最美的一道风景。

从威尼斯大运河远眺安康圣母院

这种奇特的巴洛克式建筑遍布意大利，一直传到西班牙和葡萄牙。在西班牙，一些巴洛克式教堂装饰烦琐，像在过分炫耀，你可能觉得它们是疯子设计的。西班牙的其他巴洛克式建筑却很美，尽管换成另一个阳光不是那么灿烂的国家，它们会很丑。阳光愈灿烂，一所房子似乎就能承载愈多装饰。

我们既然讲到西班牙，那就讲讲在全世界建造巴洛克式建筑的人。在罗马天主教会中，一群如同中世纪僧侣的人组成了一个团体来传播天主教。这个团体的成员叫作耶稣会士。耶稣会士在他们所到之处建造教堂，他们通常把教堂建成巴洛克风格。

在十七世纪，西班牙王国非常强大。西班牙人四处探险，他们以国王的名义夺取了南美洲大部分地区和北美洲的很大一部分。西班牙探险者所到之处，耶稣会士随即跟进，向印第安人传播基督教，设立印第安人学校，建造教堂。很快，美洲的巴洛克式教堂就比西班牙全国都多了。

这些耶稣会教堂被精心建造，尽管经历地震、革命，疏于维护，但其中大多数现在依然矗立。你可以想象耶稣会教士的工作是多么艰难。首先，他们得学习印第安人的语言，或者教印第安人学习西班牙语。他们必须给印第安人示范怎样建造石头房子，而且常常是在气候非常炎热的国家。还有，建造房子之前，必须清理土地并从石矿采集石头。

右页这张照片是宏伟的**墨西哥城大教堂**。它跟安康圣母院不太一样，是不是？但它也是巴洛克风格。你可以看到它的上面有好多装饰。

德国也有巴洛克式建筑。法国也有一些，但英国极少。如果你还记得十七世纪的西班牙和葡萄牙及其殖民地，还有意大利和德国，你就会想起奇特夸张的巴洛克式建筑在什么时期、什么地方建得最多。

墨西哥城大教堂

打破陈规这种事情到处都在发生，
你能举几个例子吗？
你是一个愿意并能够打破陈规的人吗？
说说你的理由！

第 **83** 章

英国的文艺复兴式建筑

The English renaissance

你有没有自行车？我住过的地方，大多数男孩子都有自行车。我们曾经骑着自己的自行车去一个运动场打棒球。有天下午，一个男孩子迟到了。但他的到来，却中止了棒球赛。因为他是把自行车留在家里，赶着一辆山羊拉的小车过来的。我们所有人立刻也想有一头山羊，尽管山羊对于赶路的人来说并不实用。

这也正是三百年前在英国发生的事情。一位名叫**依尼哥·琼斯**的建筑师去意大利学建筑。他在那里观摩意大利的文艺复兴式建筑，也研究古罗马的建筑。回到英国后，他开始设计文艺复兴式建筑。对于英国人来说，这很新鲜，就像山羊对于我们这些男孩子来说很新鲜，每个人都想有一所文艺复兴式的房子，就像我们都想要一头山羊。

文艺复兴式建筑传到英国较晚，正如赶着山羊来参加棒球赛的男孩子迟到一样，但是，**当最后传到那里，它却一鸣惊人。**

英国很快有了一所设计成文艺复兴风格的建筑，这就是为国王建造的宏伟的**白厅宫**。但是，这所宫殿只建成了一个宴会厅。这是依尼哥·琼斯最著名的建筑。白厅宫的宴会厅成了著名建筑，它有点像凡尔赛的小特里阿侬宫。在依照罗马和意大利风格设计建造的很多英国建筑中，这是最早的一座。

你还记得第80章关于房子"内部"和"外部"的那段话吗？对，这个宴会厅正是"外部并非内部的外部"之典范。它的外部看起来像是有几层楼的房子，但是内部只有一层楼——就是一个大房间，沿着墙是一个阳台。

白厅宫

　　不过，这个宴会厅的内部和外部都很漂亮。注意看那些罗马式柱子和靠着街边的粗面石，它们就跟意大利的文艺复兴式建筑一样。这所房子现在依然叫作宴会厅，尽管很多年来曾是小教堂，最后又成了博物馆。

　　依尼哥·琼斯之后，英国最了不起的建筑师根本不是建筑师，至少一开始不是。他是一位天文学家和大学教授，这就是**克里斯多弗·雷恩爵士**。

　　克里斯多弗·雷恩爵士因为一场大火成为著名的建筑师。这场大火发生在一六六六年，是世界历史上最大的一次火灾。伦敦一所房子着火了，火势蔓延到其他房屋，无法扑灭。伦敦的很大一部分很快被烧毁。《伦敦桥要塌了》，这首歌在一六六六年本会是一首好歌。除了伦敦桥和几千所房屋，五十多座教堂也被烧毁，其中最大的一座是圣保罗大教堂。于是克里斯多弗·雷恩爵士受命设计新的圣保罗大教堂和其他教堂。

　　克里斯多弗爵士不喜欢哥特式建筑，他喜欢文艺复兴风格。他把新的圣保罗大教堂建成文艺复兴式。

圣保罗大教堂

圣保罗大教堂

　　如同哥特式大教堂，圣保罗大教堂也是建成十字架形状。在岔口上方，克里斯多弗爵士建了一个很大的圆屋顶，顶端有一个石灯笼。这实际上是一个三合一的圆屋顶——一个外圆顶，一个用作天花板的内圆顶，还有一个介于二者之间的砖圆顶。这个介于二者之间的砖圆顶用于支撑沉重的石灯笼。

　　圣保罗大教堂的外部如同白厅宫的宴会厅，也有上下两排柱子。这让圣保罗大教堂看起来比罗马的圣彼得大教堂要好，因为比起圣彼得大教堂的一排大柱子，两排柱子更能让人从比例来判断高度。

不幸的是，圣保罗大教堂并非精心建造。它的墙壁用料为劣质材料，这座建筑随着时间流逝变得很不安全。好几年前，它关闭了，因为工人在加固基座和支撑物。现在，它又开放了，稳固得不会坍塌。

克里斯多弗·雷恩爵士就葬在圣保罗大教堂。他的墓上用拉丁文刻着一行字："你要是想看我的纪念碑，就看看你的周围吧。"**圣保罗大教堂的确是他的纪念碑，也是伦敦一大地标和英国最大的大教堂。**

说到克里斯多弗·雷恩爵士建造的其他五十多座教堂，没有一座是重复的。有的因为外部设计而著名，很多因为美丽的内部装饰而著名，还有很多因为优雅的尖塔而著名。实际上，克里斯多弗·雷恩爵士也因为他的文艺复兴式尖塔而著名。人们非常喜欢这些尖塔，甚至当时在美洲的殖民地，教堂的尖塔也建成他设计的那种样式。

我们现在出版的一些书，就是关于文艺复兴式建筑的规则和设计的，人们依照书中的设计和描述建造了很多这样的建筑。帕拉弟奥关于建筑的书也译成了英文，为英国和美国的建筑师们所借鉴。

克里斯多弗·雷恩爵士去世之后，文艺复兴式建筑在英国还流行了很多年。在国王乔治一世、乔治二世和乔治三世在位期间，英国的文艺复兴式建筑形成了自己的风格，这就是**乔治风格**。等我们讲到美国的建筑，我会更多地给你讲讲乔治风格。

圣保罗大教堂是克里斯多弗·雷恩爵士花了三十五年心血独自设计完成的杰作，单凭这一点，他就是非常厉害的大师，是不是？想一想，你觉得你能独立完成的最大的事情是什么？为自己树立一个目标吧！

第 **84** 章

从茅屋到房屋

From huts to houses

　　假设你必须在荒野度过余生，你会建什么样的房子？如果你有一把斧头，能够发现够多的树木，或许你会建一个小木屋。但是，如果你从未听说过小木屋，你可能会建一个你知道的其他栖身之所，或许挖一个洞穴？

　　来到美洲（本章主要指如今的美国。编者注）的第一批英国定居者从未见过小木屋。他们首先想到的，是他们在英国树林中见过的烧炭者的小茅屋。这类茅屋是用树枝搭的，有点像一把藤椅那样编出来。早期的定居者把他们的栖身之所建成烧炭者的小茅屋那样，并在上面搭一个倾斜的茅草尖顶。你知道什么是茅草屋顶吗？就是麦秆或稻草做的屋顶。这些茅屋建好之后，看起来肯定很像印第安人的小棚屋。

　　但是，小木屋呢？早期的定居者肯定也建了小木屋吧？没错，当瑞典人在特拉华定居，他们的确建了小木屋。瑞典人在瑞典就住小木屋，来到木头容易采集的美洲，他们也在这里建小木屋。小木屋很快流传开来。先驱者和定居者从东海岸向西部拓展时，他们也建小木屋，因为树木充裕。

　　至少有一所小木屋非常著名，这就是**亚伯拉罕·林肯出生的小木屋**。整个木屋如今保存在肯塔基州霍金维尔专门建造的一座大理石大楼里。英国定居者的一些早期建筑是哥特风格的。在弗吉尼亚州的詹姆斯敦，定居者用砖建了一座简朴的哥特式小教堂，但它已经坍塌。不过，另一座名为圣路加的早期小教堂还在。**圣路加教堂**有哥特式尖顶窗和斜屋顶，这似乎有点奇怪，因为在英国人定居美洲之前，文艺复兴风格已经进入英国有些年了，那时哥特风格在英国已不时兴。

　　如同弗吉尼亚州，新英格兰的一些早期房屋也是哥特式。它们是用木头建的，有铰链的窗户从一旁打开（就像门一样打开），每扇窗户镶了很多小玻璃——这种窗户叫作**铰链开窗**。这些房屋的二楼比一楼伸出大约一英尺，所以屋前上方呈凸出状。这些古老的哥特式房屋有一些还在。

　　过了一段时间，关于建筑的书籍传到美洲殖民地。这些书来自文艺复兴式建筑大为流行的英国。书里有平面图等图纸，美洲的木匠在建造房子的时候可以参考。英国当时正值乔治国王时代，先是乔治一世，接着是乔治二世和乔治三世，所以，英国的文艺复兴式建筑就称为**乔治王朝建筑**。经过最初的一些哥特式建筑，美国早期的建筑也是乔治王朝风格。我们现在把它们称为**乔治王朝殖民地风格**，有时候就叫殖民地风格。

　　大多数的乔治王朝殖民地风格建筑，在北方是木屋，在南方是砖房，但在宾夕法尼亚州则是石屋。这些房屋并不是由正规建筑师建造的，而是由熟练的木匠参照英国寄来的书籍建造的。它们很适合这个国家，今天的建筑师依然常常把乔治王朝殖民地风格用于建筑。

　　除了乔治王朝殖民地风格，美国当时的建筑还有纽约的荷兰定居者非常喜爱的**荷兰殖民地风格**。荷兰殖民地风格的房屋通常有一个延伸到房屋正面的斜屋顶遮住门廊，这一风格也在现代的美国建筑中继续使用。

　　殖民地风格的房屋通常很简朴，不像巴洛克式建筑，**它们从不过分装饰，这也是它们的一大可爱之处**。大多数装饰是门道、壁炉台、楼梯和天花板的木雕。有时候，门的两边有罗马式的木头半身柱或柱子。正门上方常有气窗，饰以木雕的花式窗格，有时候为扇形，叫作扇形窗。

　　殖民地时代的这些老屋很多还在，当然，大多数是在美国东部各州，那是定居者最先来到的地方。有的房屋因为其他缘由而著名，而非因为建筑本身——譬如**弗农山庄**，就是因为它是乔治·华盛顿的故居而闻名。波托马克河畔的弗农山庄，每年有成千上万的人到访，他们来此参观美国国父曾经居住的地方。

弗农山庄

费城独立大厅因为美国《独立宣言》在此签署而著名，它的名字也由此而来。独立大厅是一位律师设计的，它是乔治王朝殖民地风格砖楼的典范。塔楼让我们想起克里斯多弗·雷恩爵士设计的伦敦尖塔。独立大厅有著名的**自由大钟**，因为太多人敲，现已破损。

费城独立大厅

蒙蒂塞洛

　　撰写《独立宣言》的，是后来的美国总统托马斯·杰弗逊。如果你知道托马斯·杰弗逊也是当时最好的一位建筑师，你可能会很吃惊。建筑设计不是他的职业，而是他的爱好。他非常喜欢古罗马建筑，设计了很多罗马式房屋，其中就有蒙蒂塞洛，那是杰弗逊的家。他还设计了弗吉尼亚大学，房屋围绕一大块方形草地而建，建筑的暗红砖墙衬托着白色的柱子，非常好看。

弗吉尼亚大学圆形大厅

　　杰弗逊的建筑设计多数是在独立战争之后完成的。我们不能称之为殖民地风格，因为美国不再是大英帝国的殖民地。更恰当的名称，应该是**早期的合众国风格**。

　　接下来的一段时期，几乎所有的建筑都建成希腊式的——希腊柱子、希腊形状。一位名叫罗伯特·米尔斯的建筑师，给华盛顿特区的美国财政部大楼设计了一个有希腊柱子的正面。米尔斯还设计了第一座乔治·华盛顿纪念碑——华盛顿的雕像立在一根巨型的多利克柱头，这个纪念碑在巴尔的摩。这位罗伯特·米尔斯也设计了当时世界上最高的建筑：华盛顿特区的华盛顿纪念碑。这座华盛顿纪念碑是一个巨型方尖碑（你还记得克娄巴特拉之针这样的埃及方尖碑吗），开工之后很多年都没完工。

前面我们着眼于独立，
这里我们又提到了融合。
想一想，
为什么会出现这种区别？

美国财政部大楼

但是，既然美国是在东部诞生的，那美国的西部呢？

嗯，在美国的西南和西部，大多数建筑是西班牙式的。很多西班牙人在墨西哥定居。耶稣会士在墨西哥、美国得克萨斯和新墨西哥州建了巴洛克风格的教堂。这些建筑具有**西班牙殖民地风格**，因为它们是在西班牙的殖民地建造的。

然而，大约在美国独立战争的时候，一些叫作圣方济各修士的西班牙僧侣从墨西哥来到加利福尼亚。在加利福尼亚，圣方济各修士建造教堂和其他房屋。他们的定居地叫作**传教院**。这些房屋沿着海岸而建，都在一条名为"国王大道"的高速公路旁，彼此间隔了一天路程。传教院很像一座中世纪的修道院。但是，除了印第安人，圣方济各修士找不到人帮忙，所以他们的传教院建得都很简朴，但也很牢固。

每一个传教院都有一座教堂，用回廊跟院内其他房子连接。这些房子通常是用晒干的砖或土坯建的。

正如乔治王朝殖民地风格和荷兰殖民地风格仍在使用，现在的建筑师也在采用这一传教院风格。比起其他风格的建筑，西班牙殖民地风格似乎更适合加利福尼亚（美国西南部）的温暖气候。在加利福尼亚，你依然能看到很多古老的传教院，有的成了废墟，有的被精心保护。

另一种西班牙殖民地风格的建筑源自印第安人建筑。很多男孩女孩觉得印第安人只有树皮或兽皮搭的小棚屋。但是，美国西南部的亚利桑那州和新墨西哥州的印第安人用土坯建造房屋。这些房屋真的就是公寓，因为有很多房间给各个家庭。它们叫作**普韦布洛式建筑**。这种建筑的屋顶是平的，因为当地雨水很少。它们通常有几层楼高，上下楼的梯子建在外面而不在里面。

在新墨西哥州定居的西班牙殖民者从印第安人那里复制了这一风格。这类风格的房屋你一眼就能认出，因为平屋顶由木头支撑，木头两端伸出墙顶之外。**圣塔菲古老的总督府**就是这种普韦布洛式，尽管只有一层楼。

圣塔菲总督府

法国人定居的新奥尔良引进的则是法国的一种建筑风格，有狭长的法国式窗户和铁栏杆阳台。

现在你知道啦，美国早期有很多不同的建筑。我给你列个表吧，这样你就能更好地记住。如果你想自己测试一下，看看你能不能说出每种建筑的一个特点，下面就是这张表：

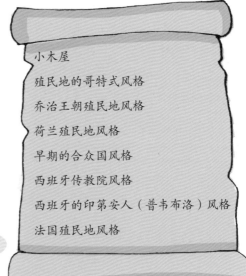

小木屋

殖民地的哥特式风格

乔治王朝殖民地风格

荷兰殖民地风格

早期的合众国风格

西班牙传教院风格

西班牙的印第安人（普韦布洛）风格

法国殖民地风格

第 **85** 章
首都和国会大厦
Al and Ol.

"他完全没脑子！"你肯定听说过这句话，那是人们在形容某人激动得不知道自己在做什么。但是，这句话表达的并不是字面意思。除非失去生命，没人可以真的没有脑子。这恰好也是用另一种方式在说，每个活着的人都有脑袋。

就像一个人，**一个国家也有一个脑袋——一位主要的统治者**，一位总统，一位国王，一位总理，一个独裁者。主要的统治者所在的地方通常就是首都。"首都"这个词，意思大致就是头脑。

美国独立战争之后，新成立的美利坚合众国必须有一个首都。试过纽约和费城之后，人们决定建立一个全新的城市作为这个新国家的首都。

人们选了波托马克河畔的一个地方，那里有一片田野和森林，名叫**华盛顿**。法国人在独立战争中帮助了美国人，现在又有一位法国人帮助美国人建设新城，他就是郎方少校，他给华盛顿设计了宽阔的街道和公园。有了郎方的规划，新城开始建设。但是，华盛顿一开始并不太像一座城市——只有树林中的几所房子，几条泥土"街道"连接着这些房子。

一个首都当然得有一座**国会大厦**。你可能觉得首都（capital）和国会大厦（capitol）是同一个词。但"首都"一词中的"al"表示城市，"国会大厦"一词中的"ol"表示建筑。人们举办了一场大型比赛，为国会大厦征集最好的设计方案，并收到不少很好的方案。威廉·索顿博士的方案当选。乔治·华盛顿和托马斯·杰弗逊都很喜欢索顿的方案，于是国会大厦开工建造。

美国国会大厦

如果得有国会大厦，那肯定也得有专门给总统住的房子。于是，总统府和国会大厦都在同一年开工。在最初二十年，总统府一直就叫总统府。但是，这个名字突然变了，成了白宫。你知道为什么吗？

那是因为一场火灾，一些士兵放火烧了新的国会大厦和总统府。他们是在一八一二年的战争中进攻华盛顿的英国士兵。火灾之后，总统府还剩下墙，但石头都已经被烧焦。人们给这座房子进行了维修，把墙壁涂成白色来掩盖火灾的痕迹，从那以后，总统府就叫白宫了。

白宫

还记得国会大厦顶端的雕塑是谁制作的吗？答案在第55章，回头看看吧！

美国国会大厦（局部）

幸运的是国会大厦发生火灾时并未完工，在火灾后也得到了重建，但很多年都没完工。最初，国会大厦的中央部分是一个低平圆顶，后来，这一部分有所增加，旧楼两端加了房子。新的两端叫作新翼——一端是参议院，另一端是众议院。建造新翼时，建造者给中央部分设计了一个更大的圆屋顶。南北战争期间，即使缺乏工人，林肯总统也让圆顶的工程继续进行。他觉得**这个圆顶代表了联邦**，北方的人民看到这个圆顶一天天增高，他们会受到鼓舞。

新圆顶几乎跟圣彼得大教堂的圆顶一样大。**它用新的建筑材料建造——不是砖石和木头，而是铁。**为了不让铁生锈，必须经常涂刷油漆。猜一猜要用多少桶油漆？要用四万三千磅（一磅约为零点四五千克）油漆，超过十九吨，这还只是涂刷一次国会大厦圆顶需要的油漆！

国会大厦有个房间叫作塑像馆。美国四十八个州（现有五十个州。编者注）都应邀在这里安放该州两位名人的雕像。在塑像馆讲秘密并不安全，因为如果你站在地板上的铁质五星标记那里讲悄悄话，房间另一端的人就会听到。说来奇怪，这个五星并非放在那里让人讲悄悄话，而是表示卸任总统约翰·昆西·亚当斯在做国会议员时，他的办公桌所在的地方。

在房间另一端听得到悄悄话，是因为这一处的声波似乎都被墙壁和天花板反射，然后在房间另一端的某一处相聚。

国会大厦里有很多有趣的东西，其中就有地铁。它由电动机车牵引，来往于国会大厦、国会图书馆、参众两院办公楼之间。这三座大楼相距不远，但是地铁节省了国会议员来来往往的时间。

国会大厦你看得愈多，似乎就愈有东西要看。人们常常把它称为世界上最宏伟的政府大楼。它在建筑上如此重要还有一个原因：这么出色的一幢国会大厦，让美国的四十八个州争相建造类似的议会大厦，只是规模变小而已。它是一座令人自豪的大厦，想起来令人愉快的是，它的奠基石是美国第一任总统安放的。

华盛顿还有很多出色的建筑，其中就有**林肯纪念堂**。林肯纪念堂被建成**希腊风格**，但又有所不同。它既是希腊式也是美国式的，这是因为它采用了古希腊柱子和其他细节，但它们以新的方式跟建筑本身结合。你会注意到，它没有希腊神庙柱子上面的三角墙。

林肯纪念堂

联邦车站

　　我们在一个名为**联邦车站**的大楼里等火车，让它把我们从华盛顿送回家。这个车站太大了，让我们觉得自己好渺小，就像夜里我们躺着眺望星星那样。

　　华盛顿现在的新建筑一直沿着郎方少校的街道规划建造，这让华盛顿成为一座非常壮丽的城市。它几乎是唯一一座建城之前就已被规划为首都的城市。**如果你想为自己的首都而自豪，那去看看吧。它值得你自豪。**

第 **86** 章

彩虹与葡萄酒

Rainbows and grape-vines

来吧，谁愿在我左右，

和我一起守桥？

　　小时候，我最喜爱的诗是《贺拉修斯在桥上》。每当父亲吟诵这首诗，讲述为了拯救城市，在桥被砍断的时候，这位英勇的罗马人（贺拉修斯）和他的两位伙伴阻挡了整支敌军，我都激动不已。我甚至记得诗的每一部分，根本无需背诵。

　　贺拉修斯在桥上，每个人都知道他的故事，但不是每一个人都知道这座桥的故事。

　　那是罗马的第一座桥，当"无畏三勇士"站在那里，手中之剑闪闪发光，蔑视来犯的整支敌军。那是罗马唯一的桥，而且是座木桥，可用斧头砍断。这座桥对罗马很重要，由教士看管。据我们所知，贺拉修斯和旧桥救了罗马城之后，新桥是由教士们建造的。

你可听说教皇又叫最高祭司（Supreme Pontiff）？这是他的一个头衔。你有没有想过教皇的这个头衔来自贺拉修斯守卫的桥？古罗马的大祭司叫作Pontifex Maximus，意思就是"最伟大的建桥者"。这么称呼他，因为他是桥梁看管者的首领。所以，pontifex或pontiff有了"教士"这一含义，这就是为什么"最高祭司"或"建桥者"是教皇的一个头衔。

pontiff中的pont还有一种奇怪的用法。不妨设想一下，如果突然看到一架水上飞机飞过头顶，螺旋桨轰鸣，浮筒在阳光下闪烁，贺拉修斯会怎么想。浮筒（pontoon）是用来支撑桥梁的一种浮舟，建在浮舟上的桥叫作浮桥。所以，把水上飞机托在水上的浮筒，也因为类似支撑浮桥的浮舟而得名。

不过，我还是给你讲讲桥的种类吧。不像你想的，**桥的种类不是太多。真的，只有五种**。这是好事，因为你可以很轻易地记住这五种，然后你就可以说出你看到的桥是哪一种。

第一种是简单的**梁桥**。横跨小河的一根木头，是简单的梁桥之中最简单的一种。

第二种是**拱桥**。一条彩虹就是一座很美的拱桥，只是你不能走过这样的拱桥。中国人建造了一些很美的拱桥。

第三种是**吊桥**。从一棵树悬到另一棵树的一根野葡萄藤，就是一座很好的吊桥——对于猴子来说。

第四种的名字最难记，这就是**悬臂桥**。如果你有一块板子，你就可以建一座悬臂桥。拿着板子的一端，让它刚好可以跨过桌子，但别让它靠在桌上。这块板就是一座悬臂桥。悬臂是一端有支撑的一种简单梁架，有点像跳水用的跳板。这种桥通常从河的两岸伸出两根悬臂，然后在中间会合。

第五种是**桁架桥**。桁架桥的梁由一副将不同部分绑在一起的结实框架加固。框架要么在桥上的道路上方，要么在下方。一辆自行车的框架就有点像桁架。悬臂桥常有桁架。大多数桁架桥是用木头或钢铁建造的。

以上就是这五种桥。那浮桥呢？浮桥只是简单的梁桥，梁架用浮舟支撑，而不是用桩子或墩子支撑。

最早的桥当然都是梁桥。波斯的薛西斯是一位伟大的国王，公元前四百八十年，他跟希腊人作战时，在达达尼尔海峡建了一座浮桥。

说来奇怪，古希腊人可以建造帕提侬神庙那样完美的建筑，却不是优秀的桥梁建造者。他们出行更多靠坐船而非走路，所以他们只需要很少的桥。还有，希腊的河流通常窄得不用桥就可渡过，于是希腊人过河的时候常常会把脚打湿。

我们还是回到古罗马人吧，现代以前，他们是最伟大的建桥者。**条条大路通罗马，这些路就包括很多桥**。不仅是在意大利，在西班牙、法国、英国和奥地利，精美的罗马式桥梁帮助旅行者前往想去的地方。很多罗马式桥梁依然矗立，两千年后仍在使用。有的是木桥，当然早已消失，大多数是石桥，嵌合完好，常常无需灰泥。

然而，古罗马时代最大的桥不是建给行人的，而是用来**运水**的。如果你想在古希腊洗一个澡，你必须用水罐从河里或井里打水，或在河里洗澡。但在一座罗马帝国的城市，很多家庭都有自来水，还有公共浴室，你可以在盛满清水的美丽的室内水池洗澡。这些水都是由长长的高架水渠运到城里的，这就是顶上有水槽的石桥。这些高架水渠在山间绵延数英里，把山泉引入城市。

高架水渠遇到山谷时，不是下到山谷再爬上另一端，而是直接跨越——就像一座高架桥那样。罗马人的水管做得不是太好，所以，如果高架水渠从山上下来又上去，水就会在下面溢出。最有名的高架水渠是法国尼姆附近加尔河上的加德高架水渠遗迹。

罗马帝国衰亡后，桥梁建造也随之衰落。黑暗时代的很多年间，只建成了很少的桥。但在公元十二世纪，奇怪的事情发生了。欧洲的桥又回到了教士手中，只是，这一次的教士都是基督教士。他们组建了一个名为"桥梁兄弟会"的社团。

法国尼姆庞杜加德高架水渠

最初，桥梁兄弟会只是在河流渡口开设小客栈，因为旅行者可能在那儿逗留。但是，他们很快开始在这些地方建造桥梁。兄弟会常常把桥中间的路面建得很窄，一次只能通过一个骑马的人，这是为了防止劫匪和士兵冲过来袭击旅行者。当然，这类桥不适合马车通行，但是大路也不见得有多适合马车通行。很多桥的两端都有用来防御的高大石塔，可以拦截劫匪和渡河的敌人。

伦敦塔桥

叹息桥

维琪奥桥

中世纪最有名的桥，可能是**泰晤士河上的旧伦敦桥**。桥上建有房屋，有的有四五层楼那么高，但是桥的基座不够结实，所以这座桥总是需要修理。桥的一些部分甚至在不同时间坍塌。你还记得《伦敦桥要塌了》这首歌吧？它就这样修修补补，从一二〇九年撑到一八三一年，最后被拆掉，让位给新伦敦桥。

如你所知，中世纪之后是文艺复兴，那时建了很多著名的桥梁。要是篇幅够多，我很想给你讲讲其中一些被人拍照最多的桥，比如**威尼斯的叹息桥，佛罗伦萨的维琪奥桥**，以及巴黎最古老的桥，它依然叫作**新桥**，还有同在巴黎的**皇家桥和玛丽桥**。这些桥都是石桥。

皇家桥

玛丽桥

现代桥梁约在一八三〇年随着铁路诞生。那时建的是铁桥，然后是钢桥，最后是混凝土和钢筋混凝土桥。钢筋混凝土桥的混凝土加了铁条，让桥梁更牢固。近年来建了很多漂亮的钢筋混凝土桥，通常都是拱桥——有时一个拱，有时很多拱。在美国，这种桥是最流行的公路桥。

钢铁桥常为桁架桥。实际上，桁架桥非常现代。亚洲和南美的一些早期桥梁是吊桥，这些桥由缆绳或树藤悬挂，非常摇晃，有的现在还能使用。当你走上这样一座桥，你不禁希望自己能够活着过桥。尽管非常摇晃，它们实际上却很牢固，但我很讨厌骑着大象或者坐车经过这样的桥。

现代吊桥由钢索悬挂，大多数为大型吊桥，花费数百万美元建造，最著名的一座是纽约东河上的**布鲁克林大桥**。尽管在它之后又建造了很多更大的桥，但这座现代吊桥的鼻祖，仍被人们视为外观最好的一座。它可以安全承载一群大象。实际上，它的确承载了一列又一列的汽车。

布鲁克林大桥

曼哈顿天际线

　　当你下次出去旅行时，注意睁大眼睛看桥。世界上很多最好的桥都在美国。有的旅行者一边旅行一边玩着桥梁游戏，在这种游戏里，一座吊桥算二十分，一座悬臂桥算十五分，一座拱桥算十分，一座桁架桥算五分，一座简单的梁桥算两分。有时候，你经过一座桥时，没法看出这是一座什么样的桥。你能看到的只是栏杆和道路，那只能算一分。谁最先看出这是什么桥，谁就得分。

　　最后，我要给你讲讲这个。不见得所有的桥都漂亮，但比起我们建造的其他东西，丑陋的桥或许较少。即使丑陋的桥，通常也有令人感兴趣的故事，如果你能发现它的故事。最丑的一座桥是在英国的巴恩斯特布，它有很多桥拱，每一个的大小都不一样。这些拱的大小不是建筑师设计的，而是由每一位市民捐献的金额来决定的。

第 87 章

摩天大楼

The scrapers of the sky

高的标准是什么？对于一座山，高可能是几英里。对于一架飞机，高可能是比最高的山还要高。对于一幢楼，高则是一千来英尺，没有高山那么高，也没空中的飞机那么高，但对我来说，**一幢一千英尺高的大楼，比高山或飞机飞行的高度更奇妙。**

如你所知，高楼被称为**摩天大楼**。这是美国的发明，除了少数，高楼几乎都在美国。大多数美国城市都有摩天大楼，但高楼最集中的地方是纽约。纽约有将近两百幢摩天大楼，就像一把巨型牙刷的毛一样伸向天空。从远处看，它们是仙子住的高塔，梦幻似的大楼，令人难以置信。当你爬上某座摩天大楼的顶端，它们更令人难以置信。

哥特式大教堂有高塔和尖顶，但跟摩天大楼一比，哥特式大教堂根本不算高。你可能会想，人怎么可能建造距离地面这么高的房子。但你站在那里，距离地面一百零二层楼，下面街道上的行人看起来就像移动的黑点。你掐掐自己，有点儿疼，看来你肯定是清醒的，不是在做梦，大楼毕竟是真的。建造这样的大楼，肯定要花很长的时间！

克莱斯勒大厦

你错了，**建一座摩天大楼只需要很短的时间**。你还记得吧，建造哥特式大教堂要花几百年。而**纽约的帝国大厦不到一年就建成了，而且有一百零二层**。太奇妙了！

还有更奇妙的，现代摩天大楼是大卡车建造的！大楼依照计划在空中升高，每一根钢梁、每一块石头、每一截管子，都在恰当的时间用大卡车运到楼里。如果错误的部件先运进来，就不能立刻使用，就没地方安放，就会挡路，街上的交通就会堵塞，整个工程就得延误。所以，建筑材料不是堆在工地等着，而是从大卡车上卸下来，立刻吊起来就位。

所以，你很容易就能明白，**建造摩天大楼，很重要的一点就是必须事先规划**。建筑师和工程师必须做出详细方案并反复核对，所有建筑材料必须预订妥当，好在恰当的时间运来，不能太早也不能太晚。这就是为什么整幢奇妙的大楼可以这么快就组装好，不会堵塞周围街道的交通。

摩天大楼的建造有别于老式房屋的建造。它有一个钢筋框架，每层楼就像一个钢筋笼子，砌了外墙。这些墙根本不是用来支撑大楼的，大楼全靠钢筋笼子支撑。这些墙就像一顶帐篷的表面，用来遮风挡雨，而非支撑重量。如果发现家里的外墙不是靠着地面，你可能会很吃惊，但是，摩天大楼的外墙不是立在地上，而是悬在钢筋笼子里。有时候，你甚至发现摩天大楼的墙和人行道之间有条缝隙，墙根本没有触到地面！

当然，没人愿意爬到一幢摩天大楼的顶楼，那太费时间了。你要是试一下，就会发现爬到顶楼，你已筋疲力尽，可能再也走不下去了。所以，要是没电梯，摩天大楼一点好处也没有。一幢摩天大楼有很多**电梯**，有到每一层的，有直达顶层的，就跟火车一样，你可以不用在每一层都停下来，很快抵达高处的楼层。在最新的摩天大楼里，乘客等一部电梯的时间再也不用超过一分钟。

第一批摩天大楼是在十九世纪末叶建成的。这些早期的摩天大楼，形状就像高高竖立的鞋盒子。建了很多这类鞋盒子高楼之后，人们发现它们遮挡了下面街道和一旁建筑的光线。所以，城市当局制定了摩天大楼建造规则，规定摩天大楼不能再建成鞋盒子的形状，大楼愈高，就必须愈狭长。

譬如，摩天大楼的下面部分，可能占据城市的一个街区。但当大楼建到一定高度之后，上面的楼层就必须从街边向内退缩，不得遮挡光线。大楼的尖塔可以建得高耸入云，只要它底座的面积不超过大楼地基的四分之一。

这些内缩规则，让新的摩天大楼跟旧的迥然不同。旧的摩天大楼当然也不一样，因为建筑师想把它们建成过去的某些建筑风格。有的底部有希腊柱子，尽管这些柱子并不负重，除了美化外观，别无用处。有的顶部有模仿文艺复兴式建筑的大型飞檐，但跟那些柱子一样别无用处。这些摩天大楼的外部风格都是假冒的，假冒的建筑永远不会很美。

帝国大厦

曼哈顿景观

新的摩天大楼却不是假冒的。它们不会模仿从前的风格，有人把它们称为"光溜溜的建筑"。这些建筑想以形状取胜，而非依靠外部的老式装饰。色彩开始用在这些大楼上面，有些摩天大楼的外墙用黑砖砌成，顶部饰以金边。纽约的美国供暖大厦就是黑金相间，旧金山的里奇菲尔德大厦也是如此。其他摩天大楼的低层采用暗红色的砖，愈往高层，砖的颜色愈浅。克莱斯勒大厦和帝国大厦的外墙则是明亮的不锈钢镍色。

成百上千的窗户不再只是墙上的一个窟窿，它们用来给大楼添彩。有的摩天大楼的窗户，就像条纹一样从下面一直往上，它们就像哥特式大教堂的线条，似乎把人的视线引向上方。有的则把窗户建成一排排的，让条纹横跨大楼而非纵向上下。有的摩天大楼建得就像一块块积木的组合，小积木叠在大积木的上面。

但我还没告诉你摩天大楼是用来做什么的。或许你已经知道了，有的用来做人们办公的写字楼，有的用来做人们居住的公寓楼。**摩天大楼当然不是为了好玩才建的**，它们必须有用处。因为建一座真正的摩天大楼需要几百万美元，建好之后必须要有收益。摩天大楼靠出租办公室或公寓来赚钱。摩天写字楼的一楼，通常会有一家银行或商店，甚至还有一家剧院。有的写字楼有一万人在里面工作，下午五六点钟，所有这些人下班回家时，把人行道都塞满了，街上都是汽车。

摩天大楼从远处看很奇妙，凑近看也很奇妙，你对它们了解得愈多，它们就愈奇妙。如果你从未见过一幢摩天大楼，那你听我这么讲，就能想象它有多高了：楼里的邮件滑道得有缓冲装置，以减缓从楼顶投下的信件的滑行速度，不然的话，信件滑得太快就会烧焦。

第 88 章

新思维

New ideas

你有没有见过一所蓝房子？我的意思是全部是蓝的——蓝屋顶，蓝墙，蓝烟囱。我从没见过这样一所房子，但我肯定它看起来会很怪。

你有没有见过一所全部用钢筋玻璃盖的房子？这样一所房子初看可能很怪，但它跟蓝房子怪得不一样。蓝房子可能没理由是蓝的，但钢筋玻璃房子可能有很好的理由全部用钢筋玻璃来盖。一旦习惯，你可能会很喜欢它，觉得比住普通房子更有益健康。但是蓝房子——我不觉得一座蓝房子会给你带来什么好处，哪怕你很习惯它。

蓝房子和钢筋玻璃房子都没先例。但是，大多数建筑风格的确都有先例，很久远的先例。

就像：

源自古希腊的罗马风格

源自古罗马的罗马式

源自罗马式的哥特式

所以，大多数新的风格都出自过去的建筑风格，现在的多数建筑都采用了过去觉得很好或很美（或两者兼有）的风格。

只要现在的建筑跟过去的建筑用途一样，这种采用过去风格的办法似乎没错。但是，**很多现代建筑有着全新的用途，这是过去的建筑师想不到的**。所以，对于有些建筑师来说，这些建筑的风格和用途都应摆脱过去。为什么要把一座现代发电厂设计成哥特风格，如果发电厂和哥特式建筑盛行时建造的房子毫无联系？为什么要给一个加油站加上罗马柱子，如果罗马人从未听说过加油站？

因此，很多建筑师觉得，**最好是把房子设计成适应现代的用途**。他们觉得最好是让建筑的风格表现出建筑的用途，而不是用过去的形式来掩盖用途。这种极为现代的建筑风格有时候叫作**实用型**，因为它表现出建筑的用途或功能。

你可以从摩天大楼的历史很好地明白我的意思。早期的摩天大楼通常有巨型的文艺复兴式飞檐，大门常有希腊或罗马柱子。后来，人们觉得哥特风格最适合摩天大楼，就像纽约的伍尔沃思大楼那样，因为摩天大楼和哥特式大教堂都注重垂直线条。但是，最近以来的摩天大楼都设计成本身的样子，只是用一层保护材料覆盖钢筋框架。

这类摩天大楼的范例，就是第二次世界大战之后纽约建造的**联合国总部大楼**。那是一幢平边高楼，形状就像一本直立的合起来的薄书。它看起来太薄了，你可能觉得应该用一副很大的书挡把它夹住，让它不被吹倒。但它并不需要书挡，因为就像所有的摩天大楼，这幢大楼被深埋地下的结实的钢筋梁架固定住了。**这是一幢漂亮的大楼**，因为很简朴，没有奇特的装饰，没有怪兽滴水嘴，没有飞檐，没有雕像。它也没有曲线，所有线条都是直上直下或横向贯穿。联合国总部大楼的很多窗户让大楼显得不那么单调。这些窗户也让大楼不仅照明充足，而且显得轻盈。

联合国总部大楼

　　这幢大楼有好多窗户啊！一位家庭主妇可以在饭后半小时内洗好碗碟，一个人要花几个小时擦干净一所房子的所有窗户。想一想，把联合国总部大楼的所有窗户擦干净，该是多大一项工作啊。据说总部大楼有大约五英亩（一英亩约合四千零四十六点八六平方米）的窗户。

　　如今，即使住宅也设计得符合它们现在的用途，而不是乱套过去的风格。一位名叫**弗兰克·劳埃德·赖特**的美国建筑师，就是把房屋设计成实用型风格的第一批建筑师之一。最初，他在国外比在美国更受赞赏。他最著名的一座建筑是防震的日本东京帝国饭店，跟你见过的其他建筑都不一样。

　　在欧洲，有一种建筑风格，就像钢筋玻璃房子那样，也没先例。在荷兰和德国，这种实用型风格大量用于住宅。它们是用钢筋和玻璃、砖头和混凝土建造的。这一风格使用这些材料，似乎比过去所有的建筑风格使用得都好。譬如，这些房子通常是平顶而不是斜顶，因为使用钢筋让屋顶更结实，可以承受落在上面的白雪。这些平顶也便于用作阳台。

207

荷兰艾达姆房屋

　　你可能觉得荷兰这些很现代的房子会破坏有着高高的斜屋顶、奇特而又古老的荷兰砖屋那种外观。但是，新风格的房子通常集中建造。一所小小的实用型房子，放在一条都是荷兰老房子的街上，当然格格不入，但所有的新房子集中在一起，效果就很令人愉悦了。四边都是光滑的混凝土和玻璃，它们看起来整洁有序。

　　在美国，住宅常常不像欧洲那样建成这种风格。但是，美国一直在建愈来愈多实用型风格的工厂、仓库、商店和写字楼，你可以在美国大多数的大城市看到这些例子。我告诉你，它们值得让你留意，因为，等你长大后，这些建筑可能会变得愈来愈重要。大多数这类建筑都有空调，所以窗户从不打开，但室内温度总是很适宜，空气也比室外更洁净。

　　当然，在一个实用型风格的工厂，你不会看到很多装饰，这类建筑有光滑整洁的线条和引人注目的外形。较新的摩天大楼有着现代装饰，很多新的公共建筑如图书馆和火车站也是如此。**内布拉斯加的州议会大厦**——由美国著名建筑师伯特伦设计——就是一座广受喜爱的新风格建筑。它跟过去的建筑全然不同，但没人敢说它很怪。实际上，几乎所有人都很赞赏它。

一所房子应跟周围环境协调。一所漂亮的房子未必适合每一个地方。摩天大楼之间的一座希腊神庙会显得格格不入。一座钢筋玻璃的现代建筑，放在房子都是哥特式建筑的一所大学旁，也会显得突兀。

设计一所房子，应想到它所在的时代。世界历史上每一个重要时期，都有不同于从前的建筑风格。哥特式建筑依然在建造，但当代重要的建筑不会是哥特式，不会是罗马式，也不会是希腊式。**它们将有自己的风格——不同于过去时代的新风格。**

所以，当你看到一所房子，尤其是新建筑，你可以问一两个问题：这所房子是否属于建造它的时代？它所在的地方是否适合采用这种设计？你可以对着房子问这些问题。当然，房子不会用言语来回答你，但如果你仔细看，它会给你答案。也许将来某个时候，房子真的可以用言语来回答你的问题。想象一所会说话的房子不是太难。你按一下墙上的按钮，屋内的一个电动扬声器里面可能就有一个声音在说："我是一所钢筋、玻璃和塑料盖的房子。我的建筑师是约翰·琼斯。我建于一九九二年。我不想夸口，但我觉得自己是适合这个地方的房子。我希望你也这么认为。"

内布拉斯加州议会大厦

　　建筑的另一个新思维，是像**工厂里生产汽车那样盖房子**。它们可以是成百上千生产出来的钢筋和玻璃，准备就绪，组装好了供人居住。然后，一所房子可以用比今天便宜得多的价格买到，或许这些房子会很方便居住。也许一开始，它们真的不是很可爱的房子，但这可以改进，工厂也会慢慢把它们造得更好。我希望这些房子不会漆成蓝色。

　　建筑还有一个新思维，就是**舒适、干净和有益健康的房子取代城市里可怕的贫民窟**。这类房子必须精心规划，得有游乐场、花园、露天空地和阳光。当然，它们必须足够便宜，利于租赁，让穷人可以住在里面。在很多国家，政府给工人及其家庭盖这样的房子，它们常常建在我们所称的"花园城市"里。

　　这些花园城市的布局很讲究，很多家庭住在里面，但不会拥挤。每一个小小的花园城市都很完备，有自己的商店、学校和教堂。花园城市通常位于大城市的郊区。

　　我们已经开始消灭美国的贫民窟，但还有很多事情要做。这就是建筑的另一个新思维，你一边长大，一边也可以看着这个新思维怎样成长。有一天，或许你自己也会帮着清除贫民窟的房屋，也会盖好的房子来取代不好的房子。

第 89 章

非写实和超现实 ①

Nons and surs

"什么？一个六岁儿童都可以画得比这幅画好！"男人说。

"至少它有很多明亮的色彩，看看那些黄色和橙色，我喜欢。也许那是日落。"女人说。

"我觉得它看上去更像一枚煎蛋。"男人说。

这对男女是在一家美术馆，他们站在一幅既不太像日落也不太像煎蛋的画前。除了画的一角有一个小小的深蓝方块，这幅画上都是黄色和橙色颜料。当他们走到下一幅画的前面，男人摇摇头，说："现代艺术对我来说太深奥了，我理解不了。"

不描摹实物的绘画作品让很多人迷惑。这类绘画叫作**非写实画**。非写实画不画比如日落、煎蛋、人、房屋等事物。

你有没有望着天上的云想象它像什么东西？你有没有看到过一朵像狮子的云？很多时候，你看到天上的云就像一幅有山有水的风景画。但是，从云里看出图像，并不会让云更美丽。不管我们是否运用想象力看出图像，天上的云都很美丽。

① 89—91章为1951年爱德华·格林·休伊（Edward Greene Huey，1899—1959，希利尔的助理）增订章节。

非写实画也可以很美，它们不一定要像我们能够认出来的某样东西。如果你不去动脑筋想它们看上去像什么，你就可以更好地欣赏它们。**记住这一点就行，它们不是要画得像任何东西**——它们就是一幅幅非写实的画。

创作非写实画的画家有时候会说："一台照相机可以拍摄一个物体，一张照片会很逼真。它们是写实的。但为什么一位画家总是要把画画得很写实呢？为什么画家要去做摄影师按一下照相机快门就可以做的事情呢？"

一个人怎样辨别一幅非写实画的优劣呢？为什么这幢楼很美，另一幢楼却很丑？为什么驼鹿看起来很傻，而鹿看起来却很优雅？

试着画非写实画的男孩和女孩，常常发现这些画画起来很好玩。如果你画一幅，你会发现用蜡笔比用颜料更容易。颜色要涂得多一点、厚一点。别用铅笔，就用蜡笔。不要只是乱涂，要画出不同的形状来。

你把自己的非写实画拿给其他人看时，他们或许会问："这幅画画的是什么？"你可以回答："哦，什么也不是。这是一幅非写实画。"

当然，**大多数画家依然画写实画。不是所有现代绘画都是非写实画。**

然而，对于有些人来说，很多现代写实画就跟非写实画一样费解。这是因为有些人觉得，一幅画表现的物体应该像人眼或照相机看到的那样。他们觉得这些画里面的物体应该逼真，应该是写实的。

但是，一位画家可能不想把物体画得很写实。他可能想把自己对物体的一些感受放在画中，他可能想发挥自己对物体的想象力。

或许，画家想在同一幅画中表现物体的四个面。看一个物体时，你通常只能看到物体的两个面。譬如，看着一张桌子，你知道它有四条腿，但你常常一下子只看到两条腿。

最著名的一位现代画家，他最初画的画表现的也是真实的人和物体，这些画都是写实画。后来，他厌倦了画写实画，尝试用别的方法来表现物体，譬如，他的有些画在同一幅画中表现一张人脸的正面和侧面。

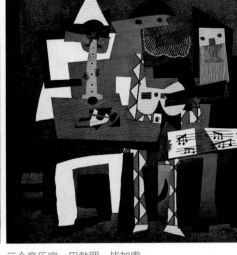

生活　巴勃罗·毕加索　　　　三个音乐家　巴勃罗·毕加索

这位画家名叫**巴勃罗·毕加索**。毕加索出生于西班牙，但他的大多数绘画作品是在法国创作的。

看看上面两幅毕加索的绘画作品。第一幅是写实画。看看第二幅画得多么不一样，它根本不写实。你绝不会把这幅画看成是三位音乐家的照片。三位音乐家都在这幅画里，但你可以看出，画家把他们画得并不写实。

你更喜欢哪一幅画？你是不是觉得非写实的那一幅比另一幅更有趣？

你是否觉得《三个音乐家》是一幅非写实画？但它不是，因为它表现的是客体——音乐家。我们只能称它是一幅**非现实主义**的画。

另一种绘画风格叫作**超现实主义**。在梦里，一切都可能发生。在超现实主义的画中，一切也都可能发生。人的脑袋可以是白菜做的，人的身体可以是桌子抽屉做的，或者耳朵里面长出了树，就跟做梦一样。

有一幅著名的超现实主义画，画的是几块表。它们跟真正的表一模一样，除了一点：它们是弯曲的，就跟煎饼一样柔软。

看看这幅画吧，注意看其中一块表里面的蚂蚁。蚂蚁为什么会在表里面？不一定要有原因，因为这是一幅超现实主义的画。

213

记忆的永恒　萨尔瓦多·达利

　　这幅画是一个名叫**萨尔瓦多·达利**的人画的，他生在西班牙，但后来在美国定居。达利是最著名的超现实主义画家。他的大多数作品技巧都很娴熟，画得清晰流畅。它们是写实画，只是画中的物体常常是令人难以置信的东西。当然，如果真有柔软的表，它们可能就是这个样子。

　　超现实主义绘画就跟梦境一样令人费解，它们看起来也跟梦境一样有趣和好玩——只要不是噩梦。创作超现实主义绘画的画家常常给自己的画起一个奇怪的名字，让这些画更令人费解。有柔软的表的这幅画，名字叫作《记忆的永恒》。这是什么意思？不同的人有不同的答案。

　　下次去美术馆时，你可以试试，看自己能够认出多少非写实（或非现实主义）和超现实的绘画作品。

第90章

更多现代画家

More modern painters

　　每个人都喜欢马戏团。小丑！大象！驯服的马！侏儒！每个人都喜欢马戏团。

　　杂技演员！走钢丝的人！骆驼！乐队音乐！

　　设想一下，让你选择去看马戏或画一幅画，你会选择哪个？你肯定会选择看马戏。每个人都喜欢马戏团。

　　但是，如果你是一位画家，你可能觉得画一幅画更有趣。画家喜欢马戏团，但他们也喜欢画画，所以他们是画家。

　　一位名叫约翰·斯图尔特·柯里的画家喜欢画画。画画是他的职业。他也喜欢马戏团，看马戏是他的爱好。所以，有一阵子，他把这两者结合起来。他加入了马戏团，跟着它一起旅行，这样他就可以画关于马戏团的画。他画了杂技演员、秋千表演者、大象和女骑手。

龙卷风　约翰·斯图尔特·柯里

约翰·斯图尔特·柯里出生于堪萨斯州。除了关于马戏团的画，他还画了很多有关堪萨斯的画，尤其是堪萨斯的农场生活。这一章第一幅画，画的是堪萨斯的龙卷风。很多人从未见过龙卷风，但在堪萨斯一些地方，龙卷风经常发生，人们建了防风地窖，可以躲避这种强有力的旋风。柯里的《龙卷风》，前景是一位农夫及其家人急忙走进他们的防风地窖。这是一幅很刺激的画。龙卷风会不会把农场的房子刮成碎片？这一家人会很安全吗？他们的谷仓会不会被摧毁？龙卷风会不会毁了他们的庄稼？

约翰·斯图尔特·柯里的画是现代绘画，但跟你在上一章看到的现代绘画完全不同。现代绘画包括很多类型，画家们不断尝试新的绘画方式，他们这样做非常好。如果画家总是用从前画家的方式来画，他们的画就会很乏味。非写实和非现实主义绘画开始出现的时候，都是新的绘画风格，但它们并非现代绘画的唯一种类。在这一章，所有绘画作品都是现代的，但你可以很容易看出，它们不像非写实、非现实主义或超现实主义画作。

　　《龙卷风》是描绘现代场景的现代绘画，格兰特·伍德的《午夜骑手保罗·列维尔》则是描绘过去场景的现代绘画。这幅画跟诗人朗费罗的著名诗篇同名，它画的是保罗·列维尔骑马飞奔过新英格兰一个村庄，警告人们英军来了。明亮的月光，让村里的教堂、民居、树木、道路、飞奔的马和骑手清晰可见。保罗·列维尔经过的房屋亮着灯。拿着火枪的"一分钟人"民兵，很快就会走出村子奔赴战场，开始美国的独立战争。

午夜骑手保罗·列维尔　格兰特·伍德

美国式哥特　格兰特·伍德

格兰特·伍德画的并非都是激动人心的事件。他的一幅名画叫作《美国式哥特》，画的是一位爱荷华州的老农和妻子望着画外。他们身后是一所木屋，有着美国一些房屋依然还有的哥特式装饰。这对男女看起来是严肃、诚实、善良和勤劳的人。我怎么知道他们是爱荷华州的呢？因为格兰特·伍德的家就在爱荷华州，他喜欢画自己的家乡。

格兰特·伍德和约翰·斯图尔特·柯里都来自美国了不起的中西部。第三位来自美国中部的著名画家是托马斯·哈特·本顿。他画的是自己的家乡密苏里州。他的很多画都是公共建筑上的大型壁画，《哈克·费恩和吉姆》就是其一。马克·吐温的书《哈克贝利·费恩历险记》，讲述了哈克和好友吉姆——一个出逃的黑奴——划着木筏沿密西西比河溯流而下的经历。这幅画画的是他们在木筏上的情景。这是你读书时就会想起来的一幅好画。

阿喀琉斯与赫拉克勒斯　托马斯·哈特·本顿

另一位现代画家是**爱德华·霍普**。他画的大多数是美国的东部。然而，《**纽约电影**》这幅画，描绘的可能是任何大城市的一家大型影院。它画的是一家电影院的内部，一个女引座员站在影厅楼梯旁。就一幅画而言，这个主题很独特，因为电影院里通常很黑，也因为电影院常常不会让一位画家觉得很美。但是，尽管有这些不利，画家还是凭借技巧使这幅画成了一幅好画。

纽约电影　爱德华·霍普

涌浪　爱德华·霍普

　　很多现代画家和从前的画家有一大不同，那就是现在的画家经常画日常题材，画我们熟悉的人和地方。在文艺复兴时期和之后很长一段时间，画家选择的大多数题材都是要人：国王和王后，贵族和贵妇，要么就是诸多神祇、宗教题材或美丽的风景。他们很少画凡夫俗子和日常景物。佛兰德斯的勃鲁盖尔父子、英国的贺加斯和法国的米勒这些画家，的确画了大多数画家不感兴趣的人物。但是，现在的大多数画家画的都是他们所在国家日常生活中的人和场景。

　　爱德华·霍普还画了跟《纽约电影》完全不同的《涌浪》。这幅画画的不是大城市里昏暗的室内场景，而是扬帆出海时的波浪、阳光和户外乐趣。

　　你认识哪个画家吗？活着的画家？美国现在有成千上万的画家。你比从前有更多的机会认识一位在世的画家。当然，现在也有更多的人画画。柯里、伍德、本顿和霍普的画，只是成千上万可以入选这一章的画作之一。很多人只是为了乐趣而画，绘画不是他们的主要工作，他们只是喜欢画画。譬如，温斯顿·丘吉尔，第二次世界大战期间英国伟大的首相，把绘画作为爱好，而他画得也很好。

人与机器
迭戈·里维拉

这本书没有提到的一个国家是墨西哥。在第一次和第二次世界大战期间，墨西哥画家的画名扬世界。**最著名的墨西哥画家是迭戈·里维拉**。他的很多画都是画在建筑上，这些壁画大多数画在墨西哥的建筑上，但有的画在美国建筑上。**他喜欢画工人**，尤其是墨西哥的印第安工人。

注意看这幅名为《人与机器》的画，整幅画画满了人和机器。这幅画在底特律的一堵墙上。

你在最后这两章读到的东西如下：

现代绘画有很多类型，有的叫作非写实、非现实主义和超现实主义绘画，其他很多则是写实绘画。很多新的绘画风格得到尝试。画家比以前更多。美国有很多好的画家，墨西哥也有很多。

你在最后这两章没有读到的，则是这样一句大实话：**世界上几乎所有的国家现在都有好的画家**。所以，不管你去哪里，你都能发现值得一看的画。

人与机器（局部）

第91章

现代雕塑

Modern sculpture

　　现代雕塑可以跟绘画一样是非现实主义的。**非现实主义雕刻**表现创作者对某一事物的观点、想法和印象。**雕塑家并非想按原样复制他看到的东西。**

　　右页图中这件雕塑名为《空中的鸟》，是一件非现实主义雕塑的范例。你可以看到，它看起来不像一只鸟，但它的确让人想到飞行。鸟的飞行依靠翅膀，这件雕塑似乎就是翅膀，至少大多数人觉得看起来像翅膀。它呈现出光滑流畅的翅膀形状，雕塑家**康斯坦丁·布朗库西**把它做成没有羽毛、身体、脑袋和尾巴的一只鸟。有些人觉得，一件名为鸟的雕塑看起来应该像一只鸟。然而，在这件雕塑中，鸟的飞行，而不是鸟本身，才是重要的东西。

　　非现实主义雕塑是一种二十世纪的雕塑，布朗库西是形成这一风格的第一批雕塑家之一。他出生于罗马尼亚，年轻时在那里学习艺术。后来他去了巴黎，在伟大的法国雕塑家奥古斯特·罗丹的工作室工作。最初，他的雕塑跟罗丹一样都是写实的，但他对非现实主义雕塑很感兴趣，很快不再创作写实的雕像。

空中的鸟　布朗库西

　　布朗库西不单创作新的雕塑，他还尝试很多不同的材料，他用木头、铜、大理石、石头、玻璃和钢来制作雕塑。《空中的鸟》是他最著名的作品。

　　《洗头发的少女》是雨果·罗布斯的作品，他是美国人，出生于克利夫兰。这件雕塑比布朗库西的《空中的鸟》写实得多。不过，它还不算非常写实，并非人像雕塑。它没有眼睛、鼻子和嘴巴来表现这个少女是谁。她可以是任何一个女孩，她做的事情比她是谁更重要。要让我们看到少女正在洗头发，雕塑家无需让我们看到她整个人。如果加了任何一样东西（譬如一只鼻子、嘴巴或双脚），并不会让洗头发这一联想更为清晰。

　　发现一件雕塑不太高贵庄严会很有趣。从前的大多数雕塑都很高贵庄严，有罗马皇帝那样的伟人半身像，有希腊神祇、马背上的英雄和基督教圣人的雕像，有名为"胜利"、"自由"或"公正"的虚构人像，有非常庄严、令人印象深刻的雕像，仿佛雕塑家们不想把宝贵的时间和大理石浪费在人们熟悉而有趣但不重要的题材上。

　　然而，人们喜欢熟悉而有趣的东西。通常，大受欢迎的雕像表现的都是平常人，做着我们熟悉的事情，就像《洗头发的少女》，**愈来愈多的现代雕塑家创作这些熟悉而又平常的人像**。没人见过胜利女神、自由女神或正义女神洗头发，哪怕是一尊雕像。

　　去看看第39章《拔刺的男孩》那尊雕像吧。两千年前，就有些雕塑家觉得创作这类平常有趣的雕像很好玩。《拔刺的男孩》比《洗头发的少女》要写实得多。你不必去博物馆看不同类型的雕塑，每个城市的公园里、纪念碑上和建筑外面都有雕塑。因为在户外，你很容易给它们拍照，这些会给你的照相机带来好的题材。

　　在华盛顿特区，几乎在每个地方你都可以看到雕塑。在纽约，你可以去洛克菲勒中心和动物园。在洛克菲勒中心，你可以看到名为《普罗米修斯》的一尊大型铜雕。这是美国著名雕塑家**保罗·曼希普**的作品。在纽约动物园入口，你可以看到美丽的铜门，它也是保罗·曼希普的作品。你可能觉得，动物园大门应该饰以动物雕塑，保罗·曼希普也是这么想的。大门周围的铜雕都是野生动物：熊、鹿、狒狒、狮子。保罗·曼希普的作品是写实的，有着很好的装饰效果。

普罗米修斯　保罗·曼希普

纽约动物园铜门　保罗·曼希普

　　你现在知道啦，现代雕塑有好几种类型。有的如布朗库西的《空中的鸟》，是**非写实的**。有的**较为写实**，给出一个物体总的形状，但并不打算原样复制，如罗布斯的《洗头发的少女》。有的现代雕塑则是**写实的，但具有装饰性**，如保罗·曼希普的《普罗米修斯》和纽约动物园大门的动物雕塑。这三种现代雕塑都值得一看。

225

图书在版编目（CIP）数据

希利尔讲建筑 / [美] 维吉尔·莫里斯·希利尔 (Virgil Mores Hillyer) 著；
周成林译.—长沙：湖南美术出版社, 2019.5 （给孩子的艺术启蒙课）
ISBN 978-7-5356-8560-5

Ⅰ.①希… Ⅱ.①维… ②周… Ⅲ.①建筑艺术—世界—青少年读物 Ⅳ.①TU-861

中国版本图书馆CIP数据核字(2019)第006615号

希利尔讲建筑（给孩子的艺术启蒙课）

XILIER JIANG JIANZHU（GEI HAIZI DE YISHU QIMENG KE）

出版人	出版发行	书号
黄啸	湖南美术出版社	ISBN 978-7-5356-8560-5
著者	（长沙市东二环一段622号）	定价
[美] 维吉尔·莫里斯·希利尔	经销	59.00元
译者	湖南省新华书店	邮购联系
周成林	印刷	0731-84787105
策划执行	长沙玛雅印务有限公司	邮编
文波	（长沙市雨花区环保中路188号）	410016
责任编辑	开本	网址
贺澧沙	889×1212 1/24	http://www.arts-press.com/
装帧设计	印张	电子邮箱
王管坤	9⅔	market@arts-press.com
插画	版次	
黄以柔	2019年5月第1版	
责任校对	印次	
侯婧　徐盾	2019年5月第1次印刷	

如有倒装、破损、少页等印装质量问题，请与印刷厂联系斟换。

联系电话：0731-82787277

【版权所有，请勿翻印、转载】

如果你喜欢这本书，
可以继续读一读
《希利尔讲绘画》

史前时期的人们画什么？
文艺复兴时期的大师们是什么样的人？
你分得清莫奈和马奈吗？
你猜伦勃朗画过多少幅自画像？
让希利尔给你讲世界名作背后的故事。

如果你喜欢这本书，
可以继续读一读
《希利尔讲雕塑》

从古埃及到古罗马，
从斯芬克司到维纳斯，
从菲狄亚斯到米开朗琪罗，
让希利尔给你讲雕塑背后
那些你知道或者不知道的事情……